北京市习近平新时代中国特色社会主义思想研究中心重大项目
“强化国家战略科技力量研究”（项目编号：21LLGLA002）



# 国家战略科技力量

NATIONAL STRATEGIC SCIENCE AND TECHNOLOGY FORCES

陈劲　贾宝余　尹西明 等◎著

经济日报出版社
北　京

**图书在版编目（CIP）数据**

国家战略科技力量 / 陈劲等著 . -- 北京：经济日报出版社，2023.5（2024.2 重印）

ISBN 978-7-5196-1310-5

Ⅰ . ①国 … Ⅱ . ①陈 … Ⅲ . ①科学研究组织机构 – 研究 – 中国 Ⅳ . ① G322.2

**中国国家版本馆 CIP 数据核字（2023）第 064473 号**

**国家战略科技力量**

GUOJIA ZHANLÜE KEJI LILIANG

陈　劲　贾宝余　尹西明　等　著

**出　　版：** 经济日报出版社

**地　　址：** 北京市西城区白纸坊东街 2 号院 6 号楼 710（邮编 100054）

**经　　销：** 全国新华书店

**印　　刷：** 北京虎彩文化传播有限公司

**开　　本：** 710mm×1000mm　1/16

**印　　张：** 12

**字　　数：** 167 千字

**版　　次：** 2023 年 5 月第 1 版

**印　　次：** 2024 年 2 月第 4 次印刷

**定　　价：** 68.00 元

---

本社网址：edpbook.com.cn　　　　微信公众号：经济日报出版社

# 推荐语

强化国家战略科技力量事关国家发展全局和长远，重点是优化国家科研机构、高水平研究型大学、科技领军企业定位和布局，形成国家实验室体系，统筹推进国际科技创新中心、区域科技创新中心建设。《国家战略科技力量》系统阐述了国家战略科技力量的内涵、使命定位，探讨了国家实验室、国家科研机构、高水平研究型大学、科技领军企业等国家战略科技力量发展现状、典型案例、协同机制以及战略科技人才力量建设机制，对相关研究和管理实践有重要参考价值。

穆荣平　中国科学院科技战略咨询研究院研究员，
中国科学学与科技政策研究会理事长

---

加强国家战略科技力量是党中央做出的新发展阶段统筹我国科技安全、经济安全乃至国家安全的重要战略决策，是新形势下应对国际挑战、实现高水平自立自强的重要抓手。《国家战略科技力量》是清华大学技术创新研究中心、中国科学院大学、北京理工大学的多位专家学者合作研究的成果，也是首部系统研究国家战略科技力量的专著。本书的作者以全球视野，从国家发展和安全的战略高度，对国家战略科技力量作了精辟阐述，分类研究国家战略科技力量的功能定位和运行体制机制，以及相互之间的分工协作，并提出了新发展阶段强化国家战略科技力量的战略思路。本书对我们全面认识和培育国家战略科技力量具有重要的理论和实践价值，为从事国家战略科技力量研究和实际工作的人员提供了有益参考。

吕薇　国务院发展研究中心技术经济研究部原部长，研究员科技强国竞争，比拼的是国家战略科技力量。国家战略科技力量致力于从国家战略全局的高度，解决事关国家安全、国家发展、国计民生等方面的根本性问题，从整体上提升我国的创新能力、竞争实力与发展潜力。《国家战略科技力量》一书是国内首部专门研究国家战略科技力量的著作，全面分析了国家实验室、国家科研机构、高水平研究型大学、科技领军企业、区域科技创新高地、创新联合体等战略科技力量的基本理论、发展现状和强化路径。本书时代感强、内容丰富，给人深刻启迪，能为科技强国建设提供坚强智力支撑。

**胡志坚　中国科学技术发展战略研究院原院长，研究员**

---

科技创新是世界现代化演进的最大变量、最大增量，以科技创新实力比拼为核心的大国博弈，根本上是国家战略科技力量、战略人才力量的竞技场、逐鹿场。《国家战略科技力量》着眼开放创新全球视野、“国之大者”战略高度，系统梳理各创新主体的内涵、特征及功能定位，对强化战略科技力量体系化协同、统筹提升国家科技整体能力提出了独到见解，对构建国家科技基础制度、塑造创新基础能力具有重要的政策价值。期待本书启迪思想、碰撞智慧、助益决策，助力我国早日实现高水平科技自立自强。

**吴善超　中国科协创新战略研究院党委书记**

# 目录

C O N T E N T S

## 第三章 国家科研机构



## 第四章 高水平研究型大学



## 第五章 科技领军企业



## 第六章 区域科技创新高地

# 导论

## 时代使命：强化国家战略科技力量

### 一、强化国家战略科技力量是建设世界科技强国的重要保障

党的二十大报告指出：坚持创新在我国现代化建设全局中的核心地位。完善党中央对科技工作统一领导的体制，健全新型举国体制，强化国家战略科技力量，优化配置创新资源，优化国家科研机构、高水平研究型大学、科技领军企业定位和布局，形成国家实验室体系，统筹推进国际科技创新中心、区域科技创新中心建设，加强科技基础能力建设，强化科技战略咨询，提升国家创新体系整体效能。

2022 年 5 月，习近平总书记在《求是》杂志发表署名文章《加快建设科技强国，实现高水平科技自立自强》。文章指出，世界科技强国竞争，比拼的是国家战略科技力量。国家实验室、国家科研机构、高水平研究型大学、科技领军企业都是国家战略科技力量的重要组成部分，要自觉履行高水平科技自立自强的使命担当。

党的十八大以来，以习近平同志为核心的党中央把创新作为引领发展的第一动力，摆在党和国家发展全局的核心位置，深入实施创新驱动发展战略，坚定不移走中国特色自主创新道路，加快建设创新型国家和科技强国，以前所未有的力度推进我国创新型国家建设取得历史性突破。目前，我国已进入

创新型国家行列，探月工程、火星探测计划、载人航天工程等顺利实施，悟空、墨子、慧眼等科学实验卫星成功发射；高性能装备、智能机器人、增材制造、激光制造等技术突破有力推动制造业升级发展，新能源汽车、新型显示产业规模居世界第一；超级计算、大数据、区块链、智能技术等加快应用，推动人工智能、数字经济蓬勃发展，移动支付、远程医疗、在线教育等新技术深刻改变生活方式。

总体而言，我国科技强国建设发生了历史性、整体性和格局性重大变化，国家综合科技实力正在从量的积累迈向质的飞跃、从点的突破迈向系统能力提升，走出了一条从人才强、科技强，到产业强、经济强、国家强的创新发展道路，正在稳步迈向“跟跑、并跑和领跑并存”的新阶段，为中国进一步朝着“跻身创新型国家前列”和“建成世界科技创新强国”的中长期战略目标前进打下坚实的基础，更为其他后发经济体完善国家创新体系、实现创新引领发展提供了宝贵经验。

得益于创新驱动发展战略的深入实施和国家创新体系建设的不断强化，我国国家综合创新能力不断攀升。其中，全社会研发投入从 2012 年的 1.03 万亿元增长到 2021 年的 2.79 万亿元，位居世界第二，研发投入强度在 2012 年 1.91% 的基础上持续增长并于 2017 年超越欧盟平均水平，到 2021 年达到 2.44%，接近经合组织国家的平均水平。此外，我国基础研究投入持续增加，2021 年的基础研究经费是 2012 年的 3.4 倍，占研发投入比重在 2021 年首次超过 6%，达到 6.09% 的历史最高值，科技进步贡献率超过 60%。2022 年 6 月中共中央宣传部举行的“中国这十年”系列主题新闻发布会上披露，得益于基础研究的持续投入，我国化学、材料、物理、工程等学科整体水平明显提升，在量子信息、干细胞、脑科学等方向实现重大突破；首次观测到三维量子霍尔效应，首次实现原子级石墨烯可控折叠，研发出世界首款异构融合类脑计算芯片“天机芯”。铁基高温超导、纳米限域催化、量子计算原型机、二氧化碳人工合成淀粉等一批高水平的重大原创成果，引领我国的凝聚态物理、分子科学、纳米材料、干细胞等一批重要前沿方向进入世界第一方阵。

基于科学的创新产出方面，科技论文发表总量于 2016 年超越美国成为世界第一，论文被引量位居世界第二，仅次于美国。在高质量论文发表方面，2022 年 8 月日本文部科学省基于科睿唯安的数据分析报告，发现 2018—2020 年间，中国学者发表的引用次数进入前 1% 的“顶尖论文”数量为 4744 篇，占全球的 27.2%，超过美国的 4330 篇（占比 24.9%），明显超过位居第三的英国（占比 5.5%），中国论文在数量和质量上均达到世界顶尖水平。基于技术的创新产出方面，2012 年以来我国新增专利申请量连续 10 年引领全球，且国际 PCT（《专利合作条约》）高质量专利申请在 2019 年首次超越美国成为世界第一。高质量区域创新投入活跃度不断攀升，例如北京于 2018 年取代硅谷成为全球人工智能投资活跃度最高的区域。企业研发占全社会研发投入比重超过 70%，创新主体地位日益巩固，涌现出了包括中车、中集、华为等一大批国际知名的科技领军企业。根据世界知识产权组织发布的《全球创新指数》报告，中国不但成为有史以来首个跻身国家综合创新能力全球前 20 名的发展中国家，更于 2021 年首次超越日本和以色列等创新强国，跃升至全球第 12 名。整体而言，我国创新型国家建设取得了决定性成就。

与此同时，我国在建设世界科技强国之路上，还面临着诸如国家创新体系整体效能不高、原始性创新不足、关键核心技术受制于人、科技发展独立性自主性安全性亟待提升等多重挑战。

从世界格局演变看，国家战略科技力量是赢得国际竞争优势的关键。美国能够长时间保持世界第一强国的地位，正是由于其拥有一批代表国家战略科技力量、以世界领先的大科学装置集群为核心、具有强大创新能力的国家实验室，以及由一批研究型大学与重要企业创新研发机构聚集形成的东、西海岸两大创新城市群。目前，以国家实验室为代表的国立科研机构已经成为欧、美、德、日、韩等世界主要科技强国科研体系的重要组成部分、科技竞争力的核心力量、重大科技成果产出的重要载体。美国完善的国家实验室系统在国防、航空航天、能源等领域贡献巨大，是支持国家科技创新的持续力量、基础研究成果的摇篮，比如劳伦斯伯克利国家实验室至今已产生 13 位诺贝尔奖获得者和约80位美国科学院院士。英国同样高度重视战略科技力量建设，如卡文迪许实验室、国家物理实验室以及英国国家海洋学中心等。德国的国家实验室有明确的国家任务导向，致力于服务国家和社会的长期发展目标，由18个研究中心组成的德国亥姆霍兹联合会是其中的突出代表，致力于为经济、科技和社会的重大难题寻找关键解决方案，多年来为德国的发展做出了重大贡献。

新中国成立后，党和国家在极其困难的条件下逐步构建了以“五路大军”①为核心的科技体系，迅速凝聚了一批优秀科学家，组织实施了“两弹一星”等一批国家重大战略任务，维护了国家战略安全，支撑了国家工业体系的建设，为中华民族的独立自主做出了重大贡献。改革开放以来，从“科学的春天”到科技体制改革，再到建设创新型国家，以研究型大学、科研院所、创新型企业等为主体的国家创新体系不断发展，带动我国科技实力从量的积累向质的飞跃、从点的突破向系统能力提升，科技发展实现了重大历史性跨越，正在成为支撑引领国家创新发展和重塑全球创新格局的强大动力。党的十九届五中全会指出：“当前和今后一个时期，我国发展仍然处于重要战略机遇期，但机遇和挑战都有新的发展变化。当今世界正经历百年未有之大变局，新一轮科技革命和产业变革深入发展，国际力量对比深刻调整，和平与发展仍然是时代主题，人类命运共同体理念深入人心，同时国际环境日趋复杂，不稳定性不确定性明显增加。”在此背景下，根据世界科技发展态势，保持战略定力和战略眼光，发挥新型举国体制优势，通过科技风险研判和预测与清晰的顶层设计和规划布局，优化资源配置和创新要素布局，集中有限的资源放在优先发展的关键科技领域，突出竞争性优势，塑造更多依靠创新驱动、更多发挥先发优势的引领型创新。

国家战略科技力量代表着国家科技创新的最高水平，强化国家战略科技力量、全面提升国家创新体系效能迫在眉睫，这也是加快实现科技强国建设的核心抓手。尤其是在国内国际发展环境激烈变化，极端风险加剧的背景下，

① 指中国科学院、高等学校、行业科研机构、国防科研机构和地方科研机构。

保障我国产业链、供应链安全，离不开国家战略科技力量的支撑。

国家战略科技力量体系由科技领军企业、国家实验室、国家科研机构、高水平研究型大学等为代表的主体型国家战略科技力量和综合性国家科学中心或区域创新高地为代表的载体型国家战略科技力量构成，是高水平科技自立自强的重要保障，直接关系到我国发展的独立性、自主性和安全性，是创新链、产业链、资金链、政策链、人才链“五链融合”的加速器，是全面提升国家创新体系效能的核心引擎，更是促进经济社会高质量发展、保障国家安全和有力支撑现代化强国建设的“压舱石”（见图 1）。

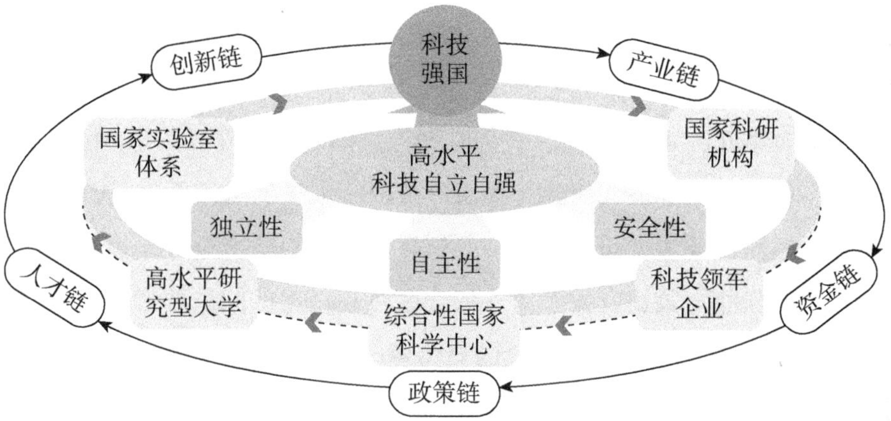


图 1　强化国家战略科技力量与建设科技强国的战略逻辑

## 二、强化国家战略科技力量，是实现科技高水平自立自强的重要举措

2022 年 6 月 28 日，习近平总书记在武汉考察时强调，科技自立自强是国家强盛之基、安全之要。我们必须完整、准确、全面贯彻新发展理念，深入实施创新驱动发展战略，把科技的命脉牢牢掌握在自己手中，在科技自立自强上取得更大进展，不断提升我国发展独立性、自主性、安全性，催生更多新技术新产业，开辟经济发展的新领域新赛道，形成国际竞争新优势。

党的十九届五中全会提出，“坚持创新在我国现代化建设全局中的核心地位，把科技自立自强作为国家发展的战略支撑”。面对全球创新格局剧变、后疫情时代中国创新发展面临的国内外重大挑战与新的历史机遇，必须充分认识到加快培育和强化国家战略科技力量、全面提升国家创新体系效能对加快建设科技强国的重大而紧迫的战略意义。

系统性培育国家战略科技力量是新形势下应对国际挑战实现高水平自立自强的重要抓手。国家战略科技力量作为国家创新体系建设的重要内容，具有重大的战略性、基础性价值和意义。区别于传统高校、科研院所和企业研发机构，国家战略科技力量致力于以“国家意志”为导向，以“引领发展”为目标，面向世界科技前沿领域，从国家战略全局的高度解决事关国家安全、国家发展、国计民生等根本性问题，从整体上提升我国的创新能力、竞争实力与发展潜力。

尽管改革开放40多年来，我国不断推进体制机制改革，完善国家创新体系制度建设，但是必须认识到，我国科技创新水平仍然较低，“从0到1”的原始性、颠覆性技术创新匮乏，产业整体创新能力亟待进一步提升，产业和企业自主创新能力较弱、技术对外依存度较高。这些问题的背后，是国家创新体系中缺少国家战略科技力量的有力牵引、各创新主体的功能不够明晰、创新主体之间缺少高效协同和联合攻关、科技创新与经济发展需求的融合度较低、科技体制改革的步伐滞后于创新效率提升的要求、小规模科研组织和自由探索的科研组织无法支撑科技自立自强和科技强国建设等一系列创新组织模式、创新环境和激励制度方面存在的不足。

2017年，“加强国家创新体系建设，强化战略科技力量”写进了党的十九大报告，这标志着国家战略科技力量建设上升为党和国家的意志。2020年，党的十九届五中全会通过的《中共中央关于制定国民经济和社会发展第十四个五年规划和二〇三五年远景目标的建议》，对强化国家战略科技力量作出全面部署，为“十四五”和今后一个时期做好科技创新工作指明了前进方向、提供了行动指南。2021年5月，习近平总书记在两院院士大会、中国科协第十次全国代表大会上的讲话中指出，国家实验室、国家科研机构、高水平研究型大学、科技领军企业都是国家战略科技力量的重要组成部分，要自觉履行高水平科技自立自强的使命担当。习近平总书记的讲话为明确国家战略科技力量的主要构成、类型和功能定位指明了方向。

尤其是在后疫情时代全球供应链产业链受阻、美国宣扬中美科技脱钩和战略竞争的大背景下，我们必须对这些老问题形成新的高度共识，深刻认识到全面强化国家战略科技力量和有力、有效支撑科技自立自强已经成为事关新发展阶段我国科技安全、经济安全乃至国家安全的重要战略议题。

## 三、新发展阶段强化国家战略科技力量的战略思路

第一，明确新使命与新内涵。新发展阶段，培育和壮大国家战略科技力量，必须明确“加快实现高水平科技自立自强，支撑实现科技强国建设，增强国家发展独立性、自主性和安全性”这一新使命和新要求。新使命和新要求赋予新内涵，强化国家战略科技力量、建设以国家战略科技力量为骨干的新型国家创新体系的新内涵是要统筹中华民族伟大复兴战略全局和世界百年未有之大变局，增强机遇意识、风险意识和底线意识，以底线思维、使命引领加快包括顶层设计创新、科技体制创新、基础研究创新和成果转化模式创新在内的全面整合式创新，进而全面提升强化国家战略科技力量的体系化布局和战略支撑能力，全面提升我国国家创新体系效能和国际科技竞争力。

第二，应用新思想与新范式。培育和强化国家战略科技力量，必须以习近平新时代中国特色社会主义思想为指导。在全球创新的时代，国家、产业和企业竞争不再是单一维度的竞争，而是基于创新生态系统的竞合。相应地，培育和强化国家战略科技力量的思路亟须从开放走向基于自主的开放与整合，借助整合式创新这一符合中国历史和国情的新的创新理论范式，构建适应新发展格局、具有中国特色的、使命驱动的国家战略科技力量体系，推动形成以国家战略科技力量为牵引和主导的新型国家创新生态系统。整合式创新理论认为，在科技强国和国家创新体系建设过程中，既要避免因为过度开放而导致的核心能力缺失和“卡脖子”问题，又要防止因为片面强调自主

而丧失对全球创新网络与全球科技治理的积极谋划、融入和构建新型开放创新生态的机遇。这一思想和中国哲学思想一脉相承，更与中国现代国家治理的制度逻辑和新发展理念相吻合，是具有中国特色、世界意义的管理学新理论范式，对整合国内集中力量办大事的制度优势和开放共赢的全球资源优势，健全社会主义市场经济条件下新型举国体制，加快培育国家战略科技力量，突破关键核心技术“卡脖子”问题，打造面向未来的科技强国具有重要理论与实践价值。

第三，运用新战略，开辟新路径。2021—2035年是我国科技强国建设的重要战略机遇期，事关我国社会主义现代化强国建设和中华民族伟大复兴全局。在这一时期继续推进科技强国建设，不但面临着以欧美日韩为主的创新型国家第一集团的激烈竞争，也极有可能要同时应对来自以印度为代表的新兴经济体的快速追赶和直接竞争。与此同时，人口红利的消失和国际市场需求红利的逐步减少，以及中美贸易摩擦和科技竞争白热化、俄乌冲突带来的地缘政治危机和全球供应链、产业链不畅风险等系列冲击，使得单靠需求引致的传统路径拉动科技创新日显乏力，不仅难以适应新发展阶段对核心技术突破和经济发展原动力提升的要求，更难以在国际竞争中占据主动权，一些发达国家依靠强大的基础研究和正在进行的新一轮科技领先战略，在科技竞争中占据优势地位。对此，必须发挥新型举国体制的优势，尽快打破对传统科技创新路径的依赖，加快国家创新战略思想和路径的根本性转型——从模仿跟随为主到引领为先，从引进模仿消化吸收为主升级至原创、集成和整合，更根本的是从补弱增强的“需求引致的科技创新路径”，向“以基础研究和核心技术供给路径为主，以需求引致的路径为辅”的新型双引擎整合式创新强国路径加速转型，加快推进科技创新组织从小团队、自由探索和低水平重复的追赶模式向使命驱动、大平台、跨领域和有组织的科研模式转型，在保持高层次、高质量自由探索和高效率的市场资源配置模式的同时，更加重视有组织的科研攻关，扎实有效服务国家战略需求，建设面向科技自立自强的、以国家战略科技力量为牵引的新型整合式国家创新体系，努力超越追赶，实现引领。

第四，开拓新体制、发展新动力。要不断完善加强国家战略科技力量的体制机制，完善其不断发挥作用的动力机制。首先，要进一步加强和完善对国家重大科研项目的组织领导，发挥国家作为重大科技战略、重大科学计划和重大科技创新工程组织者的功能，瞄准国家创新体系和科技创新过程中的关键难题与前沿科学问题，持续强化基础研究投入和原始性创新，大力支持有组织的科研与创新。其次，要进一步发挥国家重大需求场景对建设国家战略科技力量的推动作用。要抓住场景驱动的科技创新范式机遇，发挥我国超大规模市场和丰富应用场景的优势，促进国家战略科技力量的建设与发展。

第五，紧紧依靠战略科技人才。战略科技人才始终站在国际科技前沿、引领科技自主创新、承担国家战略科技任务，是支撑我国建设国家战略科技力量的核心关键。大力培养使用战略科学家，要坚持长远眼光，有意识地发现和培养更多具有战略科学家潜质的高层次复合型人才，形成战略科学家成长梯队；发挥国家实验室、国家科研机构、高水平研究型大学、科技领军企业的国家队作用，加速集聚、重点支持一流科技领军人才和创新团队；要不断加大对青年科技人才的培养力度，使之成为战略科技人才队伍的新生力量。

第六，坚定文化自信，营造持续赋能战略科技力量的创新文化环境。文化自信是一个国家、一个民族发展中更基本、更深沉、更持久的力量。党的十九届五中全会通过的《中共中央关于制定国民经济和社会发展第十四个五年规划和二〇三五年远景目标的建议》也明确提出到 2035 年建成文化强国的远景目标。对此，要充分发挥中国哲学和优秀传统文化中的整体思维、系统思维和全局思维优势，大力弘扬新时代科学家精神，健全科技伦理体系，倡导敬业、精益、专注、宽容失败的创新创业文化，并进一步营造热爱科学、崇尚和包容创新的文化与社会环境，持续赋能国家战略科技力量。

第一章

# 国家战略科技力量的内涵、特征与强化路径

党的十九届五中全会和国家“十四五”规划提出，坚持创新在我国现代化建设全局中的核心地位，把科技自立自强作为国家发展的战略支撑。习近平总书记在 2021 年 5 月 28 日举行的两院院士大会上指出，世界科技强国竞争，比拼的是国家战略科技力量。

现有研究对国家战略科技力量的内涵、必要性和构成进行了初步探究，但对其定义仍然缺少共识，也鲜有从新发展阶段和高水平科技自立自强的视角对其内涵外延、突出特征的研究，更少有研究从理论和战略层面探究在中国特色社会主义现代化强国建设进程和使命担当下，如何进一步分类型和有针对性地强化国家战略科技力量。立足新发展阶段，需要从高水平科技自立自强的视角出发，结合国家创新系统观和整合式创新理论，探究国家战略科技力量的源起、概念内涵、突出特征、分类、强化战略与路径，从而为政策制定者和社会各界更好地围绕“强化国家战略科技力量”这一新发展阶段的重大国家战略议题，深入贯彻新发展理念，持续优化顶层设计、推进以原始性创新为代表的全面创新贡献智慧，助力实现高水平科技自立自强，加快推动高质量发展。

## 1.1 国家战略科技力量的缘起

早期有多位学者对国家战略科技力量做了相关研究。一些美苏国家学者在“二战”结束后，着眼于冷战的新格局，从维护国家安全的视角出发，对“国家战略力量”进行了全方位分析研究，如 Charles 从外交政策角度分析了苏联的国家战略力量[①]，Edward 以开阔视野阐明国家战略力量对维护国家安全的重要性[②]。对世界大国以军事、科技实力为代表的“国家战略力量”的研究，如 Anthony 重点论述了核技术、导弹技术、生物化学武器和激光武器等科技

① Charles B M.Strategic power and Soviet foreign policy［J］.American political science review,1967,61（3）:863.

② Edward A K.Strategic power and national security［J］.Scientific journal of Silesian university of technology,1972,34（4）:1298–1300.

要素在国家战略科技力量中的重要地位[①]，王垂仍研究了美国以核力量现代化为核心的军扩计划，阐释了世界大国战略力量现代化的进程[②]，刘振凯深入解析了 20 世纪 80 年代以来苏联海军尖端装备建设的详情[③]。

2016 年 5 月，《国家创新驱动发展战略纲要》发布，提出到 2020 年进入创新型国家行列、到 2030 年跻身创新型国家前列、到 2050 年建成世界科技创新强国的“三步走”战略目标，形成了创新驱动发展战略的顶层设计。2016 年 7 月，国务院印发《“十三五”国家科技创新规划》，提出“加大持续稳定支持强度，开展具有重大引领作用的跨学科、大协同的创新攻关，打造体现国家意志、具有世界一流水平、引领发展的重要战略科技力量”，这是“战略科技力量”的提法首次出现在政府文件中。2017 年 10 月，党的十九大报告强调：“加强国家创新体系建设，强化战略科技力量”，标志着国家战略科技力量建设上升为党和国家的意志。2018 年 5 月，习近平总书记在两院院士大会上强调，“要坚持科技创新和制度创新‘双轮驱动’，以问题为导向，以需求为牵引，在实践载体、制度安排、政策保障、环境营造上下功夫，在创新主体、创新基础、创新资源、创新环境等方面持续用力，强化国家战略科技力量，提升国家创新体系整体效能。要优化和强化技术创新体系顶层设计，明确企业、高校、科研院所创新主体在创新链不同环节的功能定位，激发各类主体创新激情和活力”。首次强调了要明确创新主体在国家战略科技力量中的功能定位。2020 年 9 月，习近平总书记在科学家座谈会上强调，“要发挥高校在科研中的重要作用，调动各类科研院所的积极性，发挥人才济济、组织有序的优势，形成战略力量。”这为高校和科研院所如何在打造国家战略科技力量中发挥作用指明了方向。

---

① Anthony H C.Deterrence in the 1980s: part I American strategic forces and extended deterrence: introduction［J］.Adelphi series,1982,22（175）:1–2.

② 王垂仍 . 美国对苏联军事力量的估计和里根的战略力量现代化计划［J］. 国际问题资料，1982（05）:2–7.

③ 刘振凯 . 苏联海军的战略力量［J］. 国外导弹与宇航，1984（11）:10–17.

## ➲ 1.2 国家战略科技力量的内涵、应有特征与使命定位

### 1.2.1 国家战略科技力量的内涵

当前，我国正处于进一步提升国际竞争力、加快经济增长方式转变、从科技大国向科技强国迈进的关键时期，国内外风险和挑战正加速积累，针对我国科技创新在视野格局、创新能力、资源配置、体制政策等方面存在的不适应部分，尤其是基础科学研究短板突出、重大原始性成果缺乏、底层基础技术与基础工艺能力不足、关键核心技术受制于人的局面没有得到根本性改变等重大挑战，进一步明确国家战略科技力量的内涵与外延，强化国家战略科技力量体系化布局，成为新发展阶段应对上述重大挑战、加快实现高水平科技自立自强的“定海神针”。

从理论逻辑、发展战略逻辑和国际竞争逻辑出发，综合现有研究，高水平科技自立自强视角下的国家战略科技力量是指国家为了促进关键核心技术突破、产业前沿技术进步、颠覆性技术突破和增强自主创新能力，解决国家经济社会发展中的重大科学理论和实践“瓶颈”问题，引领世界科技前沿，立足长远、长期、长效，培育和打造的具有高水平基础研究能力、共性技术研发能力、创新发展牵引能力、国际科技竞争能力和话语权，能够自觉履行高水平科技自立自强使命担当的创新主体和载体。

### 1.2.2 国家战略科技力量应具备的突出特征

国家战略科技力量是国家科技强国建设的“定海神针”，更是国家科技创新制度和组织模式改革创新的先行者。区别于传统国家重点实验室、高校、科研院所和企业，高水平科技自立自强视角下的国家战略科技力量在使命、任务、组织、能力、领域和成效等方面有着全新的内涵和特征。

（1）使命定位高。国家战略科技力量不再是单纯以市场化的方式开展创新活动，而是首先站在国家使命的高度，自觉承担国家高水平科技自立自强

的使命和战略任务。

（2）战略任务重。国家战略科技力量致力于从国家战略全局的高度解决事关国家科技安全、产业安全和国家发展、国计民生等根本性和重大问题，而不仅仅局限于某个区域和行业。

（3）组织模式新。不再是单一地依靠自由探索式的科研组织模式，而是以国家重大使命和战略任务为牵引，体系化、协同式、有组织地推进科研、开展前沿技术和关键核心技术攻关。

（4）能力组合强。国家战略科技力量需要在原始性创新能力、联合攻关能力、应急科技保障能力、研究成果辐射带动能力、创新发展牵引驱动能力、国际科技竞争能力等一个或多个方面代表国家水平，具有不可替代的作用。

（5）技术领域准。国家战略科技力量作为科技强国建设的“国家队”，需要聚焦关键共性技术、前沿引领技术、现代工程技术、颠覆性技术以及未来产业技术等领域，打基础、补短板，强能力、抢先机。

（6）创新成效实。科技自立自强视角下的国家战略科技力量，与传统“追赶”模式下对国家战略科技力量的评价标准不同，要重点瞄准世界科技前沿，坚持“四个面向”，其核心成效指标要突出强化基础研究，要求在前瞻性基础研究和引领性原创成果方面取得重大突破，在开辟新科学领域方向、构建新科学理论体系上做出重大贡献，成为重大原始创新策源地，能够有力和有效地持续提升国家创新体系整体效能和产出，能够持续引领世界科技发展，能够为创新引领发展提供先行先试的经验借鉴。

### 1.2.3　国家战略科技力量的分类与使命定位

习近平总书记在 2021 年两院院士大会和全国科协代表大会上的讲话中指出，国家实验室、国家科研机构、高水平研究型大学、科技领军企业都是国家战略科技力量的重要组成部分，要自觉履行高水平科技自立自强的使命担当。这为进一步明确国家战略科技力量的主要构成、类型和功能定位指明了新方向。

科技自立自强视角下，根据所承担的任务、角色和职责的差异，可以把国家战略科技力量分为支柱型和载体型两种主要类型。支柱型国家战略科技力量主要由具备国家战略科技力量内涵与核心特征的创新主体构成，代表性的有国家实验室、国家科研机构、高水平研究型大学和科技领军企业。载体型国家战略科技力量虽然并非法人实体或创新主体，但是有能力瞄准高水平科技自立自强，成为世界科学前沿领域和新兴产业技术创新、全球科技创新要素的汇聚地，同时为支柱型国家战略科技力量提供包容创新的环境、协同创新的桥梁与开放共创的生态支撑，代表性的有综合性国家科学中心或区域科技创新中心。

国家实验室体系以新建的国家实验室体系为牵引，以优化、重组后的国家重点实验室为核心支撑。国家实验室和优化重组后的国家重点实验室要按照“四个面向”的要求，紧跟世界科技发展大势，适应我国发展对科技发展提出的使命任务，多出战略性、关键性重大科技成果，形成中国特色国家实验室体系，加快原始性、前沿性的重大科学创新，为高水平科技自立自强贡献力量。

国家科研机构体系以中国科学院、中国工程院为核心代表，以部分国家工程研究中心、国家技术创新中心、国家科学数据中心、国防科技工业创新中心等承载国家使命的科研机构为支撑。国家科研机构要以国家战略需求为导向，着力解决影响制约国家发展全局和长远利益的重大科技问题，加快建设原始创新策源地，加快突破关键核心技术。

高水平研究型大学是我国基础研究的主力军和重大科技突破的生力军。高水平科技自立自强视域下的高水平研究型大学，一方面要能够把发展科技第一生产力、培养人才第一资源、增强创新第一动力更好地结合起来，发挥基础研究深厚、学科交叉融合的优势，围绕立德树人这一根本任务，通过交叉融合的基础研究和成果转化，为科技自立自强提供战略科技力量和战略前沿科技创新成果；另一方面要强化研究型大学建设同国家战略目标、战略任务的对接，加强基础前沿探索和关键技术突破，努力构建中国特色、中国风格、中国气派的学科体系、学术体系、话语体系，为培养更多杰出人才和理论引领科技创新作出贡献。

科技领军企业则是强化企业创新主体地位、探索由企业为主导的科技创新模式的骨干力量、示范标杆，是推动创新链和产业链深度融合的“出题者”、提升产业基础能力和产业链现代化水平的“牵引者”，更是国家参与国际科技竞争并掌握话语权的“代表者”。科技领军企业要积极成为科技创新主导性力量，发挥市场需求、集成创新、组织平台的优势，打通从科技强到企业强、产业强、经济强的通道。

载体型国家战略科技力量主要是由各地区依托本地差异化优势，结合产业发展需求，科学合理布局科技创新建设，进而发展为综合性国家科学中心或区域科技创新中心，成为世界科学前沿领域和新兴产业技术创新、全球科技创新要素的汇聚地。此外也包括部分有能力和潜力履行科技自立自强使命担当，能够肩负党和政府联系科技工作者桥梁、纽带的职责，助力融通共创的跨区域、跨行业、学科交叉前沿领域的高能级创新联合体、新型研发机构、未来产业技术研究院等。

## 1.3　强化国家战略科技力量的理论和战略逻辑

### 1.3.1　理论逻辑：以创新系统论和整合式创新为理论支撑

在世界科技竞争日益白热化的时代，全球范围内国家、产业和企业博弈不再是单一维度的竞争，而是基于创新生态系统的竞合。要应用系统论和整体论的创新理论逻辑，系统布局和优化科技创新体系，强化国家创新体系和国家发展的独立性、自主性、安全性，全面推进科技创新制度和政策体系优化，从以往注重点的突破到今后强化系统能力和成效提升，从以往过度依赖国际技术转移和“以市场换技术”为主的思路转型到以底线思维驱动的自立自强为底色、制度型高质量开放合作为支撑。相应地，国家创新系统建设的思路亟须从开放走向基于自主的整合，借助整合式创新这一扎根中国实践、符合中国历史与国情和符合科技强国竞争趋势的创新理论，构建由国家战略科技力量牵引的中国特色新型国家创新生态体系。

整合式创新理论认为，在建设和完善国家创新体系时，一方面要防止过度开放和对外依赖而弱化核心能力、加剧国家科技安全与经济安全风险，另一方面也要避免过度强调自主而错失对全球创新资源和网络的积极谋划、融入与构建新型开放创新生态的机遇，要统筹整合安全与发展、自主与开放。这与中国哲学的中道、阴阳整合思想一脉相承，更与中国现代化强国建设的制度逻辑和新发展理念相吻合，是具有中国特色、世界意义的管理学新理论范式，对整合国内集中力量办大事的制度优势和开放共赢的全球资源优势、健全社会主义市场经济条件下新型举国体制、加速建设新型中国特色国家创新体系、加快突破关键核心技术“卡脖子”问题和培育世界一流创新领军企业具有重要理论与实践价值。

### 1.3.2 战略逻辑：以国家战略科技力量引领中国特色新型国家创新体系

创新是引领发展的第一动力，国家战略科技力量是实现创新引领发展的“牛鼻子”。2015 年习近平总书记在参加十二届全国人大三次会议上海代表团审议时，针对中国制造大而不强、关键核心技术受制于人的局面，明确提出：“创新是引领发展的第一动力。抓创新就是抓发展，谋创新就是谋未来。适应和引领我国经济发展新常态，关键是要依靠科技创新转换发展动力。”创新引领的思想，将创新尤其是科技创新在发展中的作用和地位提升到前所未有的高度。

新发展格局下，中国更需要进一步坚定创新自信，坚持创新在经济社会发展全局中的核心地位，充分发挥创新对经济社会高质量发展的引领性作用，以前瞻性、全局性、战略性和整体性的系统观，立足新发展阶段、贯彻新发展理念、构建新发展格局，面向高水平科技自立自强，建设由国家战略科技力量牵引的中国特色新型国家创新体系（见图 1–1），全面重塑和提升现有国家创新体系效能，加快推进以原始性、颠覆性技术创新为核心的全面和整合式创新，坚定不移走好中国特色自主创新道路，加快实现高水平自立自强，塑造更多依靠创新驱动、更多发挥先发优势的引领型发展。

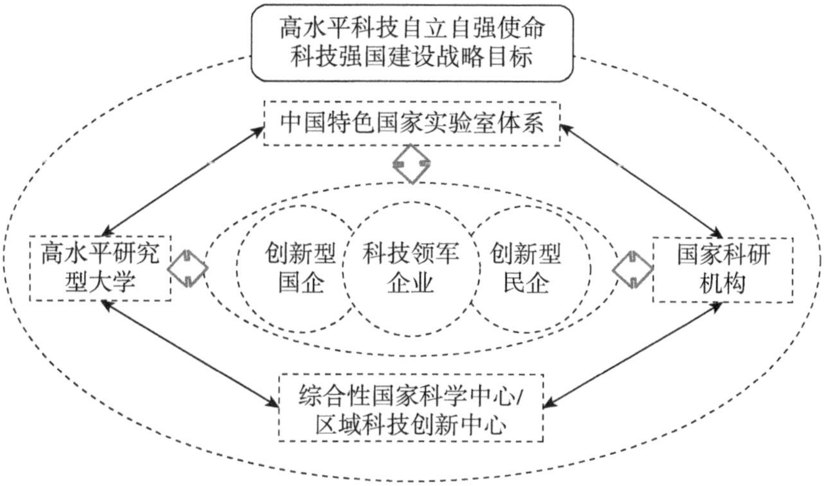


图 1–1　国家战略科技力量牵引的新型国家创新体系架构①

战略思路方面，需要放眼全球，立足新的伟大征程和建设世界科技强国的战略使命，解放思想，以强化国家战略科技力量为核心抓手和牵引，充分发挥新型举国体制的优势，尽快强力打破对传统科技创新路径的依赖，加快国家、产业和企业创新战略的转型，从模仿跟随到引领，从引进模仿升级至集成、原创和整合，更根本的是从“需求引致的科技创新路径”为主，补弱增强，向“以基础研究和核心技术供给路径为主，以需求引致的路径为辅的新型双引擎整合式创新强国路径”加速转型，建设面向科技自立自强的新型整合式国家创新体系，努力超越追赶实现引领。

面向科技自立自强的新型国家创新体系的基本内涵是，发挥源自中华优

① 尹西明，陈劲，贾宝余．高水平科技自立自强视角下国家战略科技力量的突出特征与强化路径［J］．中国科技论坛，2021，2（9）：1–9.

秀传统文化并在新中国成立以来科技创新探索中不断赋予新内涵的整体思维、系统思维和全局思维，整合国内集中力量办大事的制度优势和开放共赢的全球资源优势，强化企业创新主体地位，尤其是科技领军企业在科技创新中的主导性地位，围绕产业链布局和完善创新链，发挥以国企和央企为主要构成的科技领军企业和世界一流企业在基础研究领域、重大科技攻关、战略性新兴产业和未来产业的主导性、平台性和牵引性角色。

面向科技自立自强的新型国家创新体系的基本构成是，由主体型及载体型国家战略科技力量构成强大的基础研究和核心技术供给体系，由国家战略科技力量协同整合而成的高能级创新联合体，共性技术自主可控的高水平产业创新体系，协同高效和不断催生持续高质量创新的区域创新体系，通识教育与学科交叉融合互促的高校创新体系，以“一带一路”为代表的全球性开放式科技创新合作与治理体系。

面向科技自立自强的新型国家创新体系的特色是，在强化以企业为核心主体的国家创新体系基础上，进一步突出科技领军企业的创新牵头和主导地位。围绕产业链部署和完善提升创新链，高校院所支撑、多元主体高效参与，带动产业发展基础和产业链创新水平持续跃升；以综合性国家科学中心或国家技术创新中心为区域载体，加速汇聚创新要素资源和完善产业链创新链，形成区域创新共同体，持续催生重大原始性创新、高质量科技供给和经济发展引领力。

面向科技自立自强的新型国家创新体系的核心抓手和先手棋是，强化国家战略科技力量，需要着眼于“两个大局”，加快构建以国家战略使命、战略任务和战略需求为牵引，以中国特色国家实验室体系、国家科研机构、高水平研究型大学、科技领军企业为核心支撑，以综合性国家科学中心或区域科技创新中心为载体的国家战略科技力量体系，尤其是要探索企业主导型科技创新模式。由科技领军企业牵头，以创新型央企和国企为主力军、创新型民营企业为生力军，打造促进重大原始性创新和产业核心技术、未来技术持续突破的高能级创新联合体，发展高效强大的共性技术供给体系。在此基础上，全面提升国企尤其是中央企业的创新活力、效率、国家战略支撑能力和国际科技竞争力，培育一大批敢当、能当高水平科技自立自强使命的科技领军企业“预备队”，牵引形成国企和民企共生共创、大企业与中小企业高效协同发展的新生态，提高科技成果转移转化成效，为建设面向未来的科技创新强国、实现高水平科技自立自强和参与全球科技竞争与治理提供持久的动力源。

## 1.4　强化国家战略科技力量的主要路径思考

结合新型国家创新体系、科技自立自强的政策逻辑、理论逻辑和战略逻辑，强化国家战略科技力量可分为新创、增强和重组三类主要路径。

### 1.4.1　新创

提高国家科技水平与创新能力的一个重要切入点是增量改革，通过新创一批国家实验室和重点领域的央企，打造国家战略核心科技力量。其中，国家实验室作为前沿知识生产的源头，是原始创新的重要策源地，是整合式创新的重要平台。

新创的国家实验室体现以下三个优势：一是资源优势，坚持集中力量办大事的制度优势，建设先进大型科研设施及科研装置，发展和完善国家重大科技基础设施，着力建设具有国际顶尖水平的实验室，做到规模适当、学科交叉；二是任务优势，按照“四个面向”的要求，紧跟世界科技发展大势，适应国家经济社会发展对科技创新的需求，提出前瞻性、引领性、卓越性使命任务，产出战略性、前沿性和关键性重大基础创新研究成果；三是集成优势，吸引大量国内外的顶尖科学家和访问学者，大规模、跨学科的科研团队人员配备齐全，促进实验室的协同和集成创新。目前，依托中国科学院、“双一流”高校等科技创新力量，安徽合肥、上海张江、深圳鹏城、北京昌平等首批国家实验室已经陆续挂牌。国家重点实验室是重要的原始创新策源地，是中国特色国家创新体系的战略核心科技力量。

在科技自立自强中发挥企业创新主体作用，关键是打造和培育更多科技领军企业成为国家战略科技力量，支持和确立科技领军企业在科技创新方面的主导作用。使企业发挥市场需求牵引、集成创新、组织平台的优势和成为科技创新“出题者”，牵头推进围绕产业链部署和完善创新链，打通从科技强到企业强、产业强、经济强的通道。

一方面，要通过探索新型组织模式，强化科技领军企业国家战略科技力量的作用。企业具有组织平台的优势，应变灵活。要建立有效机制，实现企业内部力量与外部力量相结合。充分发挥企业“出题者”的作用，有效发挥大学和科研院所在基础研究上的“答题者”优势。以科技领军企业牵头，尤其是创新型央企和龙头企业，构建行业内和行业间技术产业联盟，整合集聚创新资源，形成跨领域、大协作、高强度和纵深交叉的创新基地，推动重点领域项目、基地、人才、资金一体化配置，提升我国产业基础能力和产业链现代化水平。吸收前沿技术企业并支持科技领军企业参加科技计划、自然科学基金项目指南等编研，鼓励有能力的企业与高校院所联合申报国家自然科学基金项目。鼓励支持科技领军企业参与乃至牵头主导国家重点研发计划、国家重大科技专项等应用基础研究项目。在一些政府和企业合作的重大研究开发计划中，政府支持大学和科研院所开展基础性研究，企业进行应用技术开发。

要在国家或区域层面成立由科技领军企业主导的企业实验室信息平台，为企业开展基础研究提供信息支撑；同时筹划成立一批瞄准国家科技、军事、经济安全核心技术领域的中央管理企业作为重大战略研究项目的实施管理主体，发挥集成、协同和整合优势，保障科技领军企业敢于和高效履行科技自立自强使命任务。鼓励企业开放重点实验室和大型仪器设备，统筹优化可利用的资源，减少设备重复购置造成的资源浪费。鼓励和支持企业参与大学、科研院所的基础研究成果应用转化研究，加速基础研究转化为原始创新能力。进一步向企业开放大学和科研机构的国家实验室，允许企业以合同研究、合作研究、资助研究等各种形式参与国家实验室的研究，加强研究机构与企业合作研究、完善人员交流的长效机制以促进人员交流。

另一方面，要通过新型使命驱动的创新和有组织的科研来强化科技领军企业国家战略科技力量主导性、平台性和牵引性作用。采取针对性的措施，鼓励资源能源、信息技术等领域的科技领军企业切实落实使命驱动的创新，瞄准国家战略必争领域，增加基础研究投入，进一步加大企业基础研究支出的所得税加计扣除比例；科技领军企业建立基础研究基金，或资助大学科研院所开展基础研究的投入，应视为企业研究开发经费支出，享受研究开发经费加计扣除所得税政策。加强企业基础研究人才队伍建设，发挥科技领军企业在基础研究人才引进方面的主体作用。探索企业基础研究人员职称评定办法，促进基础研究人才在高校、科研院所和企业之间合理流动。

支持科技领军企业独立设立或联合高校、科研院所等设立基础研究项目，国家有关部门收集汇总题目后，统一向其他企业、大学和科研院所的研究人员发布。获得此类项目支持的科研人员在职称评定、职务晋升时应与承担相应政府项目同等认定，促进基础研究领域的开放式合作创新。政府有关部门对企业实验室的评价标准应尊重基础研究规律，减少短期性、可视化收益的考核，建立容错机制，鼓励科技领军企业牵头向技术前沿探索研究。应将产学研合作的科研成果转化纳入科技领军企业，尤其是创新型央企和国企的评价内容，从制度和政策体系设计上持续提升科技领军企业履行科技自立自强使命的成效。

### 1.4.2 增强

推进科技体制改革，建设新型国家创新体系，既需要用好增量，更需要盘活存量。我国有 1000 余家科研院所、逾 3000 所高校，这是强化国家战略科技力量的最大存量和“基本盘”。尤其是以中国科学院、中国工程院、军事科学院为代表的国家科研机构，以清华北大等为代表的高水平研究型大学和以国防科技大学等为代表的国防研究型高校，它们是国家战略科技力量的重要组成部分。强化国家科研机构和高水平研究型大学作为国家战略科技力量的作用，赋能和提升途径主要体现为“三给三强”。

一是给使命、强职能。肩负使命方能引领未来，强化职能才能开拓创新。长期以来，在知识供应链和科技创新链上，科研机构和高等学校肩负着不同使命，科研机构重在承担知识创新职能，高等学校重在承担立德树人职能。面向未来，国家科研机构要以国家战略需求为导向，着眼产业链，打通和布局创新链，加快建设原始创新策源地，加快突破关键核心技术，培养造就高端科技创新人才，着力解决影响国家发展全局和长远利益的重大科技问题，实现原始创新、人才培养、社会服务三大使命的有机结合、良性互动与整合。尤其是中国科学院、中国工程院和军事科学院，分别作为国家科学技术界和工程科技界的最高学术机构以及国防军事科学研究的战略力量，是国家战略科技力量的核心构成主体。按照习近平总书记要求，“要发挥两院作为国家队的学术引领作用、关键核心技术攻关作用、创新人才培养作用，解决重大原创的科学问题，勇闯创新‘无人区’，突破制约发展的关键核心技术，发现、培养、集聚一批高素质人才和高水平创新团队。要强化两院的国家高端智库职能，发挥战略科学家作用，积极开展咨询评议，服务国家决策。”高等学校特别是高水平研究型大学要立足立德树人根本任务，把发展科技第一生产力、培养人才第一资源、增强创新第一动力更好地结合起来，要完善以健康学术生态为基础、以有效学术治理为保障、以产生一流学术成果和培养一流人才为目标的大学创新体系，勇于攻克“卡脖子”的关键核心技术，加强产学研深度融合，促进科技成果转化。要强化研究型大学建设同国家战略目标、战略任务的对接，努力构建中国特色、中国风格、中国气派的学科体系、学术体系、话语体系。尤其是要更加重视“有组织的科研”，建构问题与需求双驱动的新型产学研体系，一方面从源头提升科技创新质量，另一方面通过需求导向和市场导向加速“沿途下蛋”式的科技成果转化，为科技自立自强和企业创新能力提升提供源源不断的高质量科技供给。

二是给政策、强动能。实现高水平科技自立自强，首先需要国家科研机构和研究型大学自立自强，关键是扩大高校和科研院所自主权，使其真正发挥基础研究主力军作用。这涉及三个层面的工作，首先是落实机构法人自主权。坚持和加强党对高校和科研院所的全面领导，牢记国家使命、服务国家目标，完善治理机制、推动高校和科研院所按照有关章程规定的职能和业务范围开展工作，主管部门对有关章程赋予高校和科研院所管理权限的事务不得干预。其次是落实内部管理自主权。支持高校和科研院所依法依规行使科研相关自主权，赋予院所高校在科研人员招聘、评价、选拔、管理等方面的自主权，简化科研项目管理、改革人事管理、完善绩效工资分配方式。最后是落实创新活动自主权。1980年，美国国会通过《拜杜法案》，此法案让大学、研究机构能够享有政府资助科研成果的专利权，极大地提升了发明人推动成果转化的热情和动力，科技成果转化率翻了十倍。《拜杜法案》被《经济学家》杂志评为美国过去50年最具激励性的一个立法，是美国从“制造经济”转向“知识经济”的标志 。《拜杜法案》的制定出台启发我们，要从国家创新体系全局出发，找准制约创新发展的关键环节，对症下药，充分调动单位和人员的积极性、创造性，增强创新动力活力和服务经济社会发展能力，为建设创新型国家和世界科技强国提供有力支撑 。

三是给资源、强效能。基础研究是国家知识创新水平的根本体现，是产生颠覆性技术、关键核心技术、高精尖技术、战略前沿技术的源头，决定了产业的核心竞争力。高水平研究型大学和科研机构是基础研究的主力军。目前，世界科技强国基础研究投入在全社会研发经费配置中的比例普遍稳定在15% ~ 25%。根据美国国家科学基金会（NSF）发布的《2018科学与工程指标》，我国基础研究经费投入力度与世界科技强国相比存在明显不足，基础研究经费占R&D经费比例略高于5%，远低于美国（16.9%）、英国（16.9%）、日本（11.9%）、法国（24.4%）等世界科技强国（该报告援引2015年数据）。2020年，我国R&D经费支出与GDP之比达2.4%，其中基础研究投入占全社会研发投入中的比重首次突破6%，达到6.16%，但仍与科技强国有显著差距。要加大对研究型高校和科研机构的基础研究投入，大力支持使命导向、有组织的科研和面向前沿的跨学科交叉研究团队，提供更多高质量科技成果供给，提升国家科技创新能力和创新链整体效能，更好地支撑高质量发展。

### 1.4.3 重组

重组优化已有国家重点实验室和部分国有企业，大力推进中国特色国家实验室体系建设，全面提升国有企业和中央企业承担科技自立自强使命的能力，是科技领域增量改革和供给侧结构性改革的重点。重组国家重点实验室、建设全国实验室体系应体现三个原则。

一是减少重复。我国自 1984 年开始建设国家重点实验室，截至 2020 年底，已经建成 522 个国家重点实验室，但实力较弱、学科单一，真正具有全球影响力和知名度的更少 。如何激活和全面提升现有国家重点实验室体系效能，真正承载国家战略科技力量的使命和要求，和新建国家实验室同等甚至更为重要。优化重组国家重点实验室体系要按照建设高水平科学与工程研究类国家科技创新基地的要求，加强顶层设计，明确各类国家重点实验室的功能定位、目标任务。

二是瞄准前沿。全国重点实验室的重点，应首先体现为学术前沿性、发展引领性、资源集约性，如果目标泛化、任务模糊、资源分散就无法体现重点。通过重组推动若干实验室成为世界最重要的科学中心和高水平创新高地，持续产出对世界科技发展有重大影响的原创成果，在相关领域成为解决世界重大科学技术问题的国家战略科技力量。

三是凸显特色。凸显研究特色、形成聚焦突破优势，是发挥全国重点实验室优势、落实非对称赶超战略的关键之举。加强创新能力建设，注重原始创新，聚集领军人才，增强国家重点实验室持续创新活力，促进重大原创成果产出和成果溢出，提升国际影响力。保持国家重点实验室的创新性、先进性和引领性，构筑国际竞争新优势，促进基础研究与应用研究融通发展，为建设世界科技强国提供有力支撑。

相比较而言，在新型国家创新体系全局中，国家实验室以独特的建制化优势，成为落实国家重要科技战略的“集团军”，而重组优化后的全国重点实验室则以嵌入式优势与高水平研究院所、高校和科技领军企业融合发展，成为实施关键核心技术攻坚和交叉学科创新的“尖刀连”，两者共同构成中国特色国家实验室体系。

# 第二章

# 国家实验室

国家实验室是“国之重器”，是国家战略科技力量的中坚。作为体现国家意志、实现国家使命、代表国家水平的战略科技力量，国家实验室是面向国际科技竞争的创新基础平台，是保障国家安全的核心支撑，是突破型、引领型、平台型一体化的大型综合性研究基地。从世界科技强国的经验看，国家实验室在培育原始创新和重大突破项目、培养高质量创新人才、促进科研成果转化等方面发挥了重要作用。本章论述构建国家实验室的发展脉络、基本理论、经典案例、创新进展，展望国家实验室的发展前景。

## ➲ 2.1　实验室的溯源和类型

传统意义上的实验室是“科学家从事检验、测试或制备物质等工作的特定房间或建筑”[①]，是一种特定的工作场所。从现代科技创新的角度看，实验室是一种科研组织，科学家在其中从事以实验为主的科学活动，相对独立且具有传承性。近代以来科学的发展，是从个体发现与发明、到建制化科技力量主导的系统性创新，逐步走向全社会协同创新，科技活动逐步得到政府和社会的认同，逐步实现组织化、制度化、职业化的过程。作为科研活动物质载体和组织形态的“实验室”，伴随着近代科学的发展也实现了功能定位的数次迭代升级。实验室的发展，经历了大学实验室、企业实验室、政府实验室、国家实验室等不同发展阶段[②]。

### 2.1.1　大学实验室：开创有系统有组织研究的先河

科学技术发展是动态、非均衡的复杂过程。在人类社会早期，科学活动和生产实践融为一体。近代以来，科学活动主要集中于少数科学精英，科学知识远不为公众所了解，科学研究的社会化程度较低。16—17 世纪，科学的社会化进程越来越快，科学家之间自发的学术交流和协作，催生了一批科学

① 《朗文当代英语词典》。

② 郭金明．实验室的演化历史及其对我国组建国家实验室的启示［J］．自然辩证法研究，2019，35（03）：76-82.

社团，科学活动开始组织化，产生了一批科研组织，如意大利猞猁学院、英国皇家学会、法国皇家科学院、德国柏林科学院等。1826 年，李比希在德国的吉森大学创建了世界上第一个现代化的实验室。这个实验室开创了一种有系统有组织的研究传统。吉森大学化学实验室不仅供李比希自己使用，而且对学生开放，导师和学生在这里共同研究，形成了一个研究的集体。吉森大学化学实验室已经具备科研组织的特征，所以人们把它确认为全世界诞生的第一个现代意义上的实验室。随后，哥廷根大学、法兰西学院、柏林大学、波恩大学、英国格拉斯哥大学以及美国的麻省理工学院先后建立了自己的实验室。其中成就最大也最具有代表性的大学实验室是 1871 年筹建的英国剑桥大学卡文迪许实验室。卡文迪许实验室有两个特征：第一，注重科学仪器建设。历史上曾经有两位因发明独特的科学仪器而获得诺贝尔奖，分别是发明电子云室的威尔逊和发明质谱仪的阿斯顿。第二，强大的传承能力。实验室具有强大的传承能力，具有了组织的生命力。而这正是现代实验室必须具备的本质特征。大学实验室是大学的一部分，它和大学具有共同目标，必须完成大学设定的培养人才的教学目标，组成人员都是大学的教师和学生，他们的研究是相当自由的，没有既定的科研目标，他们的研究是比较纯粹的，只为探求科学知识而存在。

### 2.1.2　企业实验室：服务企业技术创新的内在需求

19 世纪下半叶，出现一些专门的企业研发机构，如德国拜耳（Bayer）、巴斯夫（BASF）等都建立了自己的实验室。企业实验室的产生源于企业技术创新的内在需求。按照 K. 伯尔的观点，工业研究至少包括四个特征：第一，它是有组织的研究；第二，它应用科学方法、雇佣训练有素的科学家；第三，主要涉及自然科学和技术，不包括社会科学或市场研究等；第四，都以某种方式和工业保持联系，是功利主义的。[①] 根据上述这四项标准，企业实验室直到 19 世纪 60 年代才在德国的印染产业出现。德国的拜耳、赫斯特、巴斯夫

---

① K. 伯尔. 工业研究的渊源［J］. 科学与哲学，1984（2）：63–93.

等化工企业在19世纪60年代率先建立自己的实验室开展现代意义的工业研究。德国以上述三家公司为首的印染企业大都聘请全职的科学家在自己内部的实验室有组织地进行创造性的科学实验，因此是它们开创了现代企业实验室的历史。在德国成功经验和本土传统的影响下，美国企业在20世纪初建立了第一批现代意义上的企业实验室。它们分别是1900年建立的通用电气实验室，1902年建立的杜邦东方实验室，1904年建立的美国电话电报公司系统实验室以及1912年建立的柯达公司实验室。1925年，以贝尔电话实验室的组建为标志，美国企业实验室进入快速发展的阶段。贝尔电话实验室后来也成为工业实验室的典范。第二次世界大战之后，由于美国联邦政府制定了资助科学研究的科学政策，美国企业实验室更是得到飞跃式的发展。企业实验室和大学实验室的目标是互补的。C.E.Kenneth Mees 认为，大学实验室自由探索的知识成为其他实验室包括企业实验室的基础。[①] 大学实验室从事基础研究，生产知识；而企业实验室则要把知识转化为生产力，创造效益。

### 2.1.3 政府实验室：聚焦国防需求和公共技术标准

“二战”后，美国联邦政府开始大力投资科学研究和技术开发活动，开启了以政府和科学共同体合作为标志的现代科学技术体系。政府实验室是指政府所有的实验室。包括中央政府（或联邦政府）和地方政府（或州政府）所有的实验室。中央政府（或联邦政府）层面的实验室也就是国家实验室。政府实验室的目标不能与大学实验室和企业实验室的目标相互冲突，而且还必须相互促进，这将始终是组建和发展国家实验室的核心问题。“第一个国家实验室是1870年建立的德国皇家物理技术研究院；美国同样的机构是1901年组织的标准局。”[②] 世界上第一批国家实验室的目标定位聚焦在公共技术标准以及国防武器和公共卫生等少数领域。

① C. E. Kenneth Mees，John A Leermakers. The Organization of Industrial Scientific Research［M］. New York: the McGraw — Hill Book Company，1950.

② K. 伯尔. 工业研究的渊源［J］. 科学与哲学，1984（2）: 63-93.

### 2.1.4　国家实验室：适应大科学发展的内在要求

国家实验室是一种肩负特殊“国家使命”的政府实验室。1946 年，参加过“曼哈顿计划”的阿贡实验室成为战后组建的第一个美国国家实验室。之后，洛斯－阿拉莫斯、劳伦斯－伯克利、布鲁克海文、劳伦斯－利莫弗尔以及橡树岭等实验室也陆续被组建为国家实验室。到目前为止，由美国联邦政府直接拨款的实验室大约有 700 家，其中隶属能源部的国家实验室有 17 家。从国家实验室发展的历史可以看出，完成国家目标和国家使命是组建国家实验室的重要驱动力，而大科学的发展特别是大科学装置的建设是国家实验室的重要物质载体。在大学实验室、国家实验室和企业实验室三者的相互关系之中，国家实验室的角色最为关键。国家实验室合理定位可以促进大学实验室和企业实验室的功能发挥，从而激活整个国家创新系统。

纵观实验室发展历程，呈现出几个规律性特征。一是实验室形态的发展是现代科技进步的必然结果。现代科学的发展经历了大学科学、产业科学、政府科学等不同阶段，实验室的组织形态发展和功能定位拓展，适应了现代科学不同发展阶段对科研组织形式的不同要求。二是明确的学科定位和功能目标是实验室发展的关键。大学实验室以自由探索作为自己的功能定位，企业实验室以服务产业科技需求为目标，国家实验室的产生适应了国家使命对科学研究的要求。三是实验室必须以科学仪器和实验设备建设为基础。现代实验室诞生之前，私人实验室像拉瓦锡的实验室就极其注重科学仪器和实验设备的建设。大学实验室诞生之后继承发扬了私人实验室注重科学仪器和实验设备的传统。企业实验室结合产业技术研发，在实验装备方面投入较多，拥有先进齐全的实验设备。国家实验室更是围绕大科学装置、大科学工程而组建的[①]。四是学科多样化和任务多元化是实验室“生态体系”丰富多元的基础。就国家创新体系而言，国家实验室的形态本身是多样的，同时，国家实验室必须嵌入特定的创新生态系统与其他创新主体互补，才能有效发挥功能作用。

---

① 郭金明. 实验室的演化历史及其对我国组建国家实验室的启示［J］. 自然辩证法研究，2019，35（03）：76–82.

## 2.2 国家实验室：国家战略科技力量的中坚

国家实验室是国家战略科技力量的重要组成部分。国家实验室有明确的目标使命，是为国家战略目标服务，从事原始创新核心工作，承担前沿基础研究和开展高新技术转移的重要研究机构。[①] 国家实验室以使命为导向，以目标为牵引，以原始创新为根本，通过团队合作整合相关资源，是一种围绕特定目标的科学研究组织方式，是一种大科学时代的科研活动组织模式创新，是大科学时代的发展必然。[②] 纵观科技发达国家特别是美国国家实验室的管理和运行，呈现出以下四个鲜明的特征。

### 2.2.1 研究定位：战略契约引领下的基础研究和应用研究

国家实验室研究定位的生成，往往是“自上而下”引导和“自下而上”推动的结果（见图 2-1）。其中，“自上而下”引导更多体现为管理和资助机构赋予国家实验室发展使命。“自下而上”推动则体现为国家实验室内部的战略判断和分析思考。

“战略”赋予国家实验室明确的发展定位。20 世纪末，美国普林斯顿大学的司托克斯在其著作《巴斯德象限：基础科学与技术创新》中，提出科学研究象限结构模型：第Ⅰ象限为纯基础理论研究，称为波尔象限；第Ⅱ象限为由经济社会引发的应用基础研究，称为巴斯德象限；第Ⅲ象限为仅关注应用目标研究，而不寻求科学知识突破，称为爱迪生象限；第Ⅳ象限既不寻求理论突破也不考虑实际应用目标，称为皮特森象限。有学者在司托克斯模型的基础上，引入了战略契约的概念。国家实验室主要从事战略契约引领下的战略型基础研究和应用基础研究，重点是第Ⅱ象限巴斯德象限和第Ⅲ象限爱迪生象限的研究，以国家战略契约合作形式布局开展的聚焦竞争型技术研发，为后续产业化开放应用提供基础性技术、为实现国家重大战略提供原创性和集成性技术支撑。

① CROWM，BOZEM AN B.Limited by Design：R&D Laboratories in the U.S. National Innovation System［M］.New York：Columbia University Press, 1998.

② 卞松保，柳卸林．国家实验室的模式、分类和比较——基于美国、德国和中国的创新发展实践研究［J］．管理学报，2011，8（04）：567-576.

“使命”赋予国家实验室明确的任务目标。国家实验室是国家使命和重大需求牵引的必然结果。国家实验室从事国家指定的具有特定长远或重大利益的研发难题，这种研发活动具有国家利益导向，直接服务于国家战略目标、战略使命、战略任务。美国拥有 720 多家国家实验室，每年投入经费占联邦政府 R&D 投入的 1/3。美国国家实验室根据联邦采购条例成立。该条例规定，“国家实验室应该满足政府特殊的长期性研发需求，政府目前的其他研究机构或私营研究机构不能有效满足这些需求；国家实验室追求公共利益，保持客观性和独立性，并向资助机构充分披露信息”。在该条例的基础上，美国国会又陆续通过了一系列补充条文，将国家实验室主要定位在从事“长期性、战略性、公共性、敏感性”的研究领域。①

图 2-1　国家实验室使命与战略的生成机制

### 2.2.2　本质特征：科研实体与重大科技创新任务的组织机制

国家实验室既是一种科研实体，也是一种重大科技创新任务的组织机制。美国能源部下属 17 个国家实验室，除国家能源技术实验室之外，其他 16 个国家实验室均按照“政府所有－合同制管理”（GOCO）的形式运行，即国家能源部代表国家与负责国家实验室具体运行管理的机构签订“管理和运行”（M&O）合同，决定每个实验室的使命，并提供实验室运行经费；实验室成员（研究人员等）决定如何实现最好的科学研究；运行管理机构负责为实验

① 钟少颖 . 美国国家实验室管理模式的主要特征［J］. 理论导报，2017（05）：48-49.

室的长期基础性研究提供良好的科学研究环境。运行管理机构的主要职责包括，引进并且保证实验室拥有世界水平的研究人员；创造能够保证科学研究团队的完整性与核心竞争力，并使其科学活动脱离有政治压力的学术与组织环境；以及邀请同行领域专家，对实验室人员的学术研究进行评价。能源部、国防部、国家航空航天局、国家科学基金会、国立卫生院和商务部等下属的实验室，是隶属于联邦政府部门的“实体”意义上的国家实验室。

另外，美国国家实验室还包括联邦政府资助的研究与发展中心（Federally Funded Research and Development Center，FFRDC）和大学附属研究中心（University Affiliated Research Center，UARC）。其中，FFRDC 是“二战”向冷战过渡的产物，联邦政府通过 FFRDC 能够获得可靠的技术、采购和政策方面必需的指导，以配合利用工业集团持续制造产品和提供必要的服务。FFRDC 在美国的国家发展和国防安全中发挥了不可替代的作用。它们在国防、运输、能源、民事机构管理、国土安全、大气科学、科学政策及其他领域，通过直接承担科研项目或技术转移等途径支持联邦政府。根据国家科学基金会公布的最新数据，现有 43 个 FFRDC 保持正常运行状态。UARC 是美国国防部与大学联合建立的战略研究中心，其目的是支持国防部需要在某些特殊领域保持非常必要的工程和技术能力。这些非营利组织维持着科研、开发和工程方面的核心能力；长期与其国防部的发起者保持着战略关系；根据公众需求开展研究，允许已存在或潜在的学术争议。截至目前，UARC 的数量增加到 13 个，其发起部门包括美国陆军、美国海军、导弹防御局、国防部长办公室、国家安全局和航空航天局。FFRDC 和 UARC 在运行上采取 GOCO（国有民营）的模式，其本质是“机制”意义上的国家实验室。①

### 2.2.3 管理体系：保证战略定位稳定性、管理灵活性和科研自主权

在国家实验室的管理中，“运动员”与“裁判员”有着各自清晰的职责定位。美国国家实验室管理运行中，形成了“国会－资助单位－运营单位－国

---

① 李昊，徐源．美国国家实验室的名与实［J］．军事文摘，2019（23）：12–15.

家实验室”四层次的决策治理体系。其中，国会是国家实验室体系的最高决策机构，负责国家实验室的设立与终止、预算审批、外部评估等重大事项的管理决策。资助单位主要是指能源部、国防部等联邦政府部门（主管方，“裁判员”）。根据联邦采购条例，资助单位决定国家实验室的研究方向和领域，国家实验室要依照资助单位的特殊要求或章程来执行研发任务。运营单位主要有三类，包括大学、工业企业组织、各类创新联合体和非营利机构（主办方，“运动员”）。运营单位负责国家实验室的日常管理，包括实验室主任等高级管理人员的选聘等。资助单位通过与运营单位签订长期资助协议（通常为 5 年合约）的方式来规范和保证国家实验室的发展。资助单位通过驻地办公室对国家实验室运行中存在的风险和绩效进行评估，并根据评估的结果来确定国家实验室的绩效收入和补贴。“主管方”与“主办方”的分离，既能保证国家实验室战略定位和资源投入的稳定性，又能保证其管理灵活性和科研自主权。

图 2-2 为美国国家实验室的管理机制。

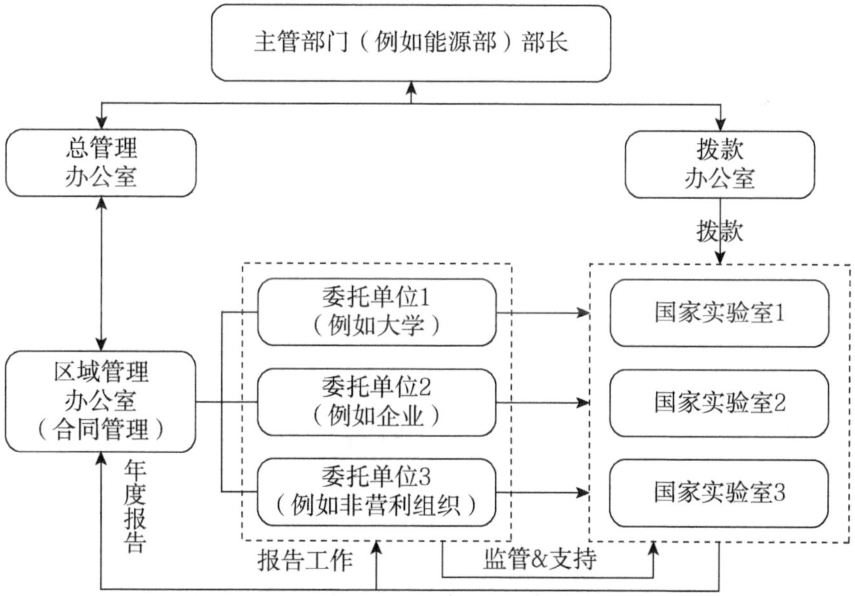


图 2-2　美国国家实验室的管理机制①

① 秦铮 . 美国建设世界科技强国的经验及对我国的启示［J］. 创新科技，2022，22（03）：81-92.

### 2.2.4 人员队伍：核心骨干队伍与流动科研人员队伍相结合

美国国家实验室研究人员主要包括三类，一般科研人员、高级科研人员、博士后和客座研究人员。一般科研人员采用限期聘用制，公开招聘并签订合同，享受合同规定的工资和社会福利等，在任期如果表现突出，可以聘为长期聘用人员。美国国家实验室的人事与薪酬制度主要有如下特点：第一，人事关系相对灵活。在国家实验室体系中，大约只有 5% 的人能最终获得成为固定科研人员的资格，大部分人员采用任期年限制和项目合同制。值得注意的是，博士后和客座研究人员是国家实验室科研队伍的重要组成部分，占比接近 14%。第二，薪酬制度市场化。国家实验室的薪酬总额在预算制定时通过谈判决定，实验室研究人员的薪酬大部分也是通过参考市场定价以谈判的方式制定。

美国国有国营型（GOGO）国家实验室，在保持高水平的核心骨干科研团队的同时，也形成了一支流动的科研队伍。开展大项目时，常常组建大的团队进行联合攻关，项目结束后，团队科研人员各自回到原机构或重新寻找新岗位。如美国国立卫生院采用 3–5–3 年共计 11 年的连续评议淘汰制，大约只有 5% 的人能最终成为终身岗位科研人员。在流动科研人员队伍建设方面，美国能源部下属国家实验室的 LDRD 项目（实验室主导的研究和开发项目）值得借鉴。LDRD 是实验室负责人唯一可自主支配资金的研发活动，占实验室总支出的 6%，主要是为实验室解决重大技术挑战提供种子资金，吸引和留住人才，主要受益人是作为实验室研究主力的博士后群体。LDRD 项目一方面为当前研究提供替代性技术方案、发展颠覆性技术，另一方面为年轻科研人员提供有效激励。应该说，我国科研机构的研究生教育与 LDRD 项目扮演相似功能，但两者的主要区别在于，LDRD 项目是发展种子技术和培育高端科研人员的机制，是与工业界开展人才争夺竞争的机制，而研究生教育是利用自身科研优势面向社会培养人才的机制，是履行社会责任和实现自身持续发展的机制。从服务核心目标方面看，两种机制各有优劣，对国家实验室而言，LDRD 机制应该说更为直接和集约。这种“动”“静”结合的团队建设机制，保证了创新竞争力，但严苛的竞争机制也迫使更多年轻科研人员向提供高薪的企业研发机构流动。①

## ➲ 2.3　科技发达国家典型的国家实验室

美国能源部国家实验室基础研究实力强大，成立以来获得了 118 项诺贝尔奖，并在此过程中发现了元素周期表中的 22 种；每年在约 1500 种期刊上发表 11000 篇同行评议论文。② 美国能源部 17 个国家实验室分布于美国的 15 个州，具有不同的战略任务、能力和结构。其管理模式主要分为“国有国营”和“国有民营”两种，除国家能源技术实验室（NETL）属于政府所有和政府运营模式外，其余 16 个国家实验室均为“国有民营”模式，通过与企业、大学或非营利机构签订管理和运营合同，采用“政府所有 – 合同制管理”模式。

能源部国家实验室或以科学为导向，或以技术为导向；根据其承担项目类型的数量，又可进一步分为多项目实验室和单项目实验室。以科学为导向的 10 个国家实验室隶属于科学办公室，其中阿贡国家实验室（ANL）、劳伦斯伯克利国家实验室（LBNL）、布鲁克海文国家实验室（BNL）、SLAC 国家加速器实验室（SLAC）、西北太平洋国家实验室（PNNL）以及橡树岭国家实验室（ORNL）为多项目实验室，主要研究内容涉及材料、化学、纳米科学等多学科、跨领域的基础科学；其余为单项目实验室，包括费米国家加速器实验室（FNAL）、普林斯顿等离子物理实验室（PPPL）、艾姆斯实验室（Ames Lab）和托马斯杰弗逊国家加速器实验室（TJNAF）。能源部的能源任务在很大程度上是由以技术为导向的国家可再生能源实验室（NREL）、爱达荷国家实验室（INL）和国家能源技术实验室（NETL）三个能源实验室完成的。其中爱达荷国家实验室是多项目实验室，主要关注核能，同时也推进其他清洁

---

① 贾宝余 . 国家实验室建设需处理好三对关系［N］. 学习时报，2018-03-01.

② The Department of Energy. Annual Report on the State of the DOE National Laboratories［EB/OL］.（2017-01-11）［2021-02-11］.https://www.energy.gov/downloads/annual-report-state-doe-national laboratories.

能源技术和关键基础设施保护；国家能源技术实验室和国家可再生能源实验室是单项目实验室，分别专注于化石能源和可再生能源。萨凡纳河国家实验室（SRNL）是一个多项目实验室，致力于环境修复以及核探测和天然气处理。国家核安全局（NNSA）管理着三个致力于保护国家安全的多项目实验室，分别是劳伦斯利弗莫尔国家实验室（LLNL）、桑迪亚国家实验室（SNL）和洛斯阿拉莫斯国家实验室（LANL），主要从事核武器研制工作。

美国能源部国家实验室以国家战略任务为导向，依托大科学工程和装置开展前沿科学技术研究或综合交叉领域研究，取得重大原创或突破性成果。能源部国家实验室整体上呈现跨学科、多领域特征；各国家实验室立足于其战略任务和研究方向，基础研究学科分布各具特色。紧跟基础学科领域研究前沿是美国能源部国家实验室基础研究的重要导向。能源部国家实验室基础研究产出集中在物理学、化学和生物学等基础学科领域，在前沿基础学科领域的科学布局与深入探索，使能源部国家实验室在科学前沿领域发现新的化学元素和新的物质状态方面保持优势。同时，材料科学、工程科学、纳米科技、能源科技以及核科技等应用基础学科也是重要研究领域，是能源部国家实验室贯彻能源安全、清洁能源技术以及核材料安全任务的研究支撑。此外，能源部国家实验室是推进跨学科科学的领导者和先行者，在材料科学、物理化学、纳米科学与纳米技术等学科建立了紧密的合作关系，形成了一种跨学科的科学和创新文化。虽然整个能源部国家实验室网络与能源部的任务领域相关联，但每个国家实验室都有一套独特的核心能力和重点研究领域。其中，多项目科学实验室和安全实验室基础研究学科分布范围较广，覆盖了20个研究领域，SCI论文集中在物理、化学、材料科学等基础学科及多学科领域；单项目科学实验室基础研究根植于其研究方向和战略任务，如爱达荷国家实验室主要研究方向是核能，该国家实验室在核科技领域相关研究占实验室发文总量的比例最高；国家可再生能源实验室是美国能源部在可再生能源和能源效率研究与开发方面的主要国家实验室，该实验室在能源科技领域发文量最多。总而言之，能源部国家实验室通过发挥各自优势能力开展前沿基础研究，共同支撑能源部使命的完成。[①]

这里重点介绍劳伦斯伯克利国家实验室（LBNL）、阿贡国家实验室（ANL）、布鲁克海文国家实验室（BNL）、林肯实验室、英国国家海洋中心（NOC）、意大利国家核物理研究院（INFN）。

### 2.3.1　劳伦斯伯克利国家实验室

劳伦斯伯克利国家实验室的前身是创立于 1931 年的辐射实验室，由加州大学（UC）伯克利分校物理学家欧内斯特·劳伦斯（Ernest Orlando Lawrence）建立，位于加州大学伯克利分校。该实验室创建的目的，是把相关物理学研究集中于当时的新仪器——回旋加速器之上。回旋加速器是一种粒子加速器，用于支撑高能物理学等领域的研究，欧内斯特·劳伦斯因此于 1939 年获得了诺贝尔物理学奖。劳伦斯伯克利国家实验室的研究领域涉及许多学科，重点开展宇宙、定量生物学、纳米科学、新的能源系统和环境解决方案，以及利用综合计算作为发现工具的基础研究，由 17 个科学部组成，并负责能源部的 4 个实验设施。它是能源部的一个多项目国家实验室，绝大部分经费来源于能源部科学办公室的下述项目：先进科学计算研究、基础能源科学、生物和环境研究、熔化能科学、高能物理和核物理，同时也受到其他办公室的资助。劳伦斯伯克利国家实验室具有以下几个方面的核心优势：生物系统科学、化学与分子科学与工程、地质与环境科学、能效技术、能效应用的系统分析、光技术、计算科学、粒子与天文物理学、气候科学。图 2–3 为劳伦斯伯克利国家实验室的内部管理和组织架构。

劳伦斯伯克利国家实验室形成了独具特色的运行机制。

一是学术成果质量保证机制。分为外部和内部保障。外部保障主要是美国能源部作为主管部门对实验室进行的严格的考核评估，设立了专门的实验室评估委员会负责具体评估工作。内部保障主要是实行内部评议制度，通过

① 刘云，翟晓荣．美国能源部国家实验室基础研究特征及启示［J/OL］．科学学研究，2022，40（06）：1085–1095［2021–11–20］．https:// doi.org/ 10.16192/j.cnki.1003–2053.20211118.004.

立项评议和跟踪评议等多种机制，对实验室资源进行分配和使用，以此促进竞争，激发实验室的创造性。后来，实验室又成立了学术与研究机构诚信办公室，负责实验室学术道德的建设和管理，对实验室研究人员的研究成果进行诚信鉴定。

二是优秀人才引进与培养机制。劳伦斯伯克利国家实验室的主任级别人员一般选用学术水平高、社会影响大的知名专家学者，其中包括诺贝尔奖获得者。实验室专门成立了劳动力多元化办公室，为不同文化背景、研究背景和不同性别的人员提供平等的工作机会。每年劳动力多元化办公室对各个科学部门和管理部门等制订相应的人员多元化行动计划。

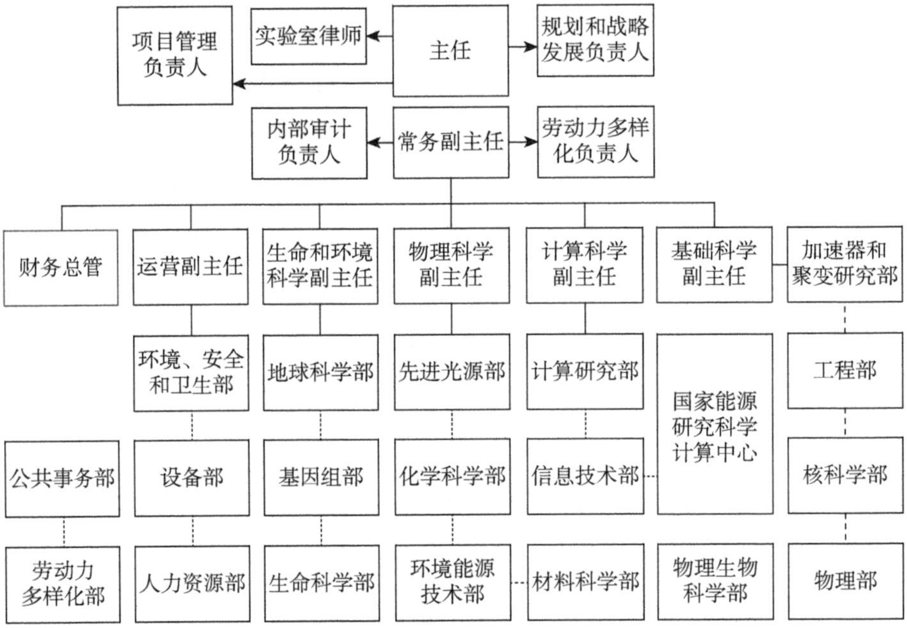


图 2-3　劳伦斯伯克利国家实验室的内部管理和组织架构

三是资源共享机制。劳伦斯伯克利国家实验室实行对外开放，只要经过一定的程序和手续，国内外不同学科的科学家都可以利用这些先进仪器进行科学实验，从而提高实验室资源和设备的利用率，同时也提高了实验室的国际声誉。劳伦斯伯克利国家实验室作为“大科学”学科组织，在美国大学物理学科发展史上占有重要地位，很多研究机构的领导人开始从事大科学研究时，就是从辐射实验室起步的。劳伦斯伯克利国家实验室是体现大科学的典型实验室，特点是纯物理学、技术和工程学的融合，物理学家和工程师紧密合作，用回旋加速器作为研究核物理的主要工具。

### 2.3.2　阿贡国家实验室

阿贡国家实验室隶属美国能源部，是第二次世界大战后美国创建的第一个国家实验室。芝加哥大学担负着监管阿贡运行的任务。阿贡国家实验室致力于使用世界级科学、工程和用户设施创造和传输创新研究与技术，并积极通过转让许可、联合研究和其他一些合作方式，促进其研究成果的商业化转移。阿贡国家实验室作为“二战”时期美国陆军部实施的曼哈顿计划的一部分，是在芝加哥大学的冶金实验室的基础上发展起来的。1946 年 7 月 1 日，曼哈顿工程所属的冶金实验室正式更名为阿贡国家实验室，曾经在这里启动世界上第一台重水慢核反应堆的核心人物、曼哈顿计划的老将、美国物理学家沃尔特·津恩（Walter Zinn）当选第一任主管。“二战”后，阿贡开始接受开发和平利用原子反应堆的任务。1948 年 4 月 22 日，沃尔特·津恩向原子能委员会（AEC）提出建立全国性核反应堆试验场的建议。这一建议后来被称为直接促成了今天爱达荷国家实验室的前身——美国国家核反应堆试验站的建立。随后，阿贡与美国西屋公司签订技术合作协议共同开发商用核电，阿贡拉开了与商业企业合作的帷幕。阿贡的研究涵盖了科学、工程和技术等众多领域，进行了众多跨学科的基础与应用科学研究，这些学科包括高能物理学、气候学、数学和计算科学、生物工业学等。阿贡设计、建造、运行和管理着许多科学和工程研究高端设施，如先进光子源、串列直线加速器系统、纳米尺度材料中心、电子显微中心和强脉冲中子源等。

目前，阿贡致力于能源、生物与环境以及国家安全三大主要研究领域。（1）能源：阿贡不断开发新的先进电池和燃料电池，新的电力生成和储存系统，以及新的能源交通系统，以增加美国的能源使用效率，扩大能源范围。阿贡还致力于核能的研究，为提高美国核反应堆的安全和寿命而工作。（2）生物与环境：阿贡建立了分子标尺、水文学、经济以及社会综合计算模型，以便通过宏基因组分析、蛋白质发现和区域气候预测来进行区域生态气候评估。（3）国家安全：阿贡致力于开发关键性安全技术，用于保卫美国国土安全以及减轻大规模意外突发事件带来的危害。阿贡提供科学决策，研究开发新的传感器和材料以及网络安全技术，努力防止核扩散和大规模杀伤性武器扩散。

阿贡拥有多学科、众部门庞大的科研体系，要使数量繁多的各学科实验室有条不紊地运行，阿贡有着自己独特的管理模式。阿贡实行 GOCO 管理体制（Government Owned and Contractor Operated），即实验室的土地和研究设施由政府拥有或租用，而管理工作由政府通过合同委托企业、大学或非营利机构等承包商负责。2006 年 10 月，芝加哥大学成立的实体——UChicago 阿贡有限责任公司（简称 UChicago 公司）开始负责阿贡的管理和运行。美国能源部与 UChicago 公司签署协议，协议有效期为 5 年，5 年后能源部对阿贡进行评估，并决定合同的续签或变更。能源部对阿贡采取以结果为导向、以成绩为基础的目标任务合同制管理。通过合同管理制度，阿贡不仅可以避免政府机构的过多干预，保证了其相对独立和宽松的研究环境，而且也便于阿贡与承包方建立起学术、管理和经济上的多渠道联系，提高科研效率，实现互利双赢。阿贡内部的管理则以“部”为基本单位，“部”下面设课题组，一般来说，科学家各自独立做研究，但是合作非常紧密。除了科学的管理模式，阿贡保证其日常研究工作顺利进行的另一法宝就是坚持安全重于一切。阿贡信奉安全至上的理念，实验室所有行动都遵循在实验室任何一个角落都要保证雇员、参观者、顾客和研究合作者安全的原则。而且由于美国工业界和国家实验室经费较充足，可以花费巨资制定严格的安全规范。另外，安全观念已经深入到阿贡每一个人。无论如何，今天阿贡以其相对宽松的多样化管理，对安全的不懈追求，延续了阿贡的灿烂历史，也为阿贡研究出无数领先成果创造了条件，使阿贡稳立于世界实验室的前列。

### 2.3.3　布鲁克海文国家实验室

布鲁克海文国家实验室（Brookhaven National Laboratory，BNL）成立于1947年，位于纽约长岛萨福尔克县（SUFFOLK COUNTY）中部，隶属美国能源部，由石溪大学和巴特尔纪念研究所成立的布鲁克海文科学学会有限公司负责管理。历史上该实验室曾经有7个项目、12人次获得过诺贝尔奖。BNL具有70年杰出科学成就的历史，拥有3台开展研究用的反应堆、数台不同类型的粒子加速器和多种先进的研究装置。它开创了核技术、高能物理、化学和生命科学、纳米技术等多个领域的研究，取得多项令世界瞩目的重大成果，并数次获诺贝尔奖。BNL已成为世界著名的大型综合性科学研究基地。实验室拥有3000名员工，此外每年有超过4000名访问学者在此工作。

该实验室有4项基本任务：根据美国能源部和国际科学界的需要，构思、设计、建造和运行复杂的、前沿的、面向用户的实验设施；实施前沿科学领域长期和高风险的基础科学与应用科学研究项目；开发先进的技术以满足国家的需要，并将这些技术转让给其他组织和企业界；传播技术知识，培养新一代科学家和工程师，保持美国就业人员的技术能力，鼓励大众加深对科学的了解。

该实验室的研究领域主要包括材料物理和化学特性、环境和能源研究等。所设置的研究部门包括：（1）能源科学和技术部。该部门通过从事基础科学与应用科学研究开发和技术实施与应用项目，支持DOE关于确保国家具备充足清洁而且经济的能源供应目标的实现，减少能源供应中断可能会对美国造成的损害，推进替代能源和可再生能源技术，增加可供选择的能源种类，维持美国在能源供应与使用方面的主导地位。（2）仪器部。负责开发实验室项目所需要的先进技术，研究方向包括半导体、气体和低温探测仪器，微电子，数据采集设备，光学测量设备等。（3）环境科学部。负责自然环境的研究工作，例如在加利福尼亚州北部以及世界很多地区设置“富集的游离$CO_2$气体生态学研究中心”，研究空气中过量的$CO_2$对各种生态系统的影响。（4）材料科学部。研究方向包括各种超导氧化物的特性，超导体特性描述和制作，先进的永磁材料的特性，电池和燃料电池材料的合成，金属钝化和局部腐蚀的机理，水泥玻璃材料特性的研究和开发等。

作为一个实力强大的大型综合性研究机构，BNL 取得了辉煌的科学成就。高能物理方面的成就有 m 中微子的发现、J/y 粒子的发现、CP 破坏、宇称破缺和太阳中微子研究中的先驱性工作等。在多学科研究中，有利用 X 射线和中子开展生物样品研究（这一研究开创了结构生物学），有用于医学的 L– 多巴和铊 –201、锝 –99m 放射性核素的发明，以及 X 射线心血管造影术的发展。高技术方面，有磁悬浮列车技术的发展。加速器技术方面，强聚焦原理的发明对现代粒子加速器的利用有决定意义。

### 2.3.4　林肯实验室

林肯实验室是由美国国防部赞助的联邦政府资金资助研发中心（Federally Funded Research and Development Center，FFRDC），日常管理工作则由麻省理工学院（MIT）托管。作为 FFRDC 的一员，林肯实验室致力于满足 FFRDC 的目标：在关键问题上提供独立的观点，保持长期竞争力，保留高素质的员工，维护和战略赞助商的关系，为长期利益、近期目标、急迫的任务发展科学技术，并在特定的任务和核心竞争力方面为政府提供全方位的规划和理念。林肯实验室的核心使命是将研发的科学技术在政府、工商业之间实现顺利的技术转移，旨在确保美国军方可以拥有最先进的技术，进而保持美国在世界经济中的商业竞争力。

林肯实验室创建于 1951 年，任务领域包括空间监控、防空导弹防御技术、通信系统、网络安全与信息科学、情报 / 监控 / 侦察系统与技术、先进技术、策略系统、国土保护、空中交通管制以及工程等。林肯实验室由实验室主任、副主任、运营助理主任等负责领导，并设置了一个由主任办公室人员和技术部门负责人组成的指导委员会。该实验室向麻省理工学院院长汇报情况。每年由国防研究与工程助理部长领导、实验室主要资助者组成的联合咨询委员会开展年度评审。

美国林肯实验室的前身——MIT 辐射实验室（Radiation Laboratory）被誉为“战争史上最伟大的合作研究机构”，作为“第一个大规模的跨学科研发组织”，它承担了美国“二战”期间几乎全部的微波雷达的研发和制造工作，研发了世界上第一个全球无线电导航系统——LORAN。辐射实验室于 1945 年 11 月 30 日关闭，作为战时最大的交叉学科的研究机构，它对战后国家实验室发展起到了先导作用。辐射实验室关闭后，绝大多数成员重新回归了学术界。1952 年麻省理工学院为了应对当时国家面临的威胁，在辐射实验室的基础上成立林肯实验室（Lincoln Laboratory），它是美国大学第一个大规模、跨学科、多功能的技术研究开发实验室。林肯实验室内部组织和项目的管理模式以及最初的员工都直接来源于辐射实验室。林肯实验室传承了辐射实验室的传统，并发扬光大，成为具有鲜明时代特色的一流国家实验室。

图 2-4 为林肯实验室的内部管理架构。

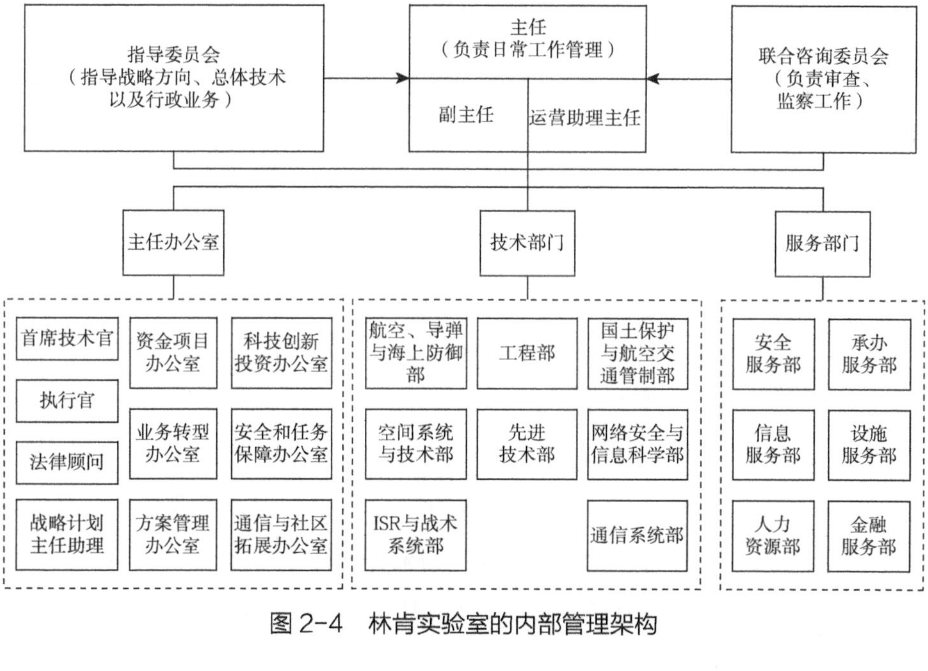


图 2-4　林肯实验室的内部管理架构

林肯实验室成立于冷战时期，其使命是把高科技应用到国家安全的危急问题上，研究目标是致力于科学技术的长期发展，同时致力于行业转型的新概念和技术的系统开发和部署。林肯实验室除保持了雷达技术的优势外，研发范围还扩展到空间监控、导弹防御、战场监控、空中交通管制等多个领域。并以目标为导向，支持跨领域、多学科合作研究，时刻保持着高度创新精神。为了支持庞大的创新研究，林肯实验室一直保持着基础研究方面的领先地位，这和辐射实验室注重基础研究的传统是一脉相承的。为确保客观性和技术的卓越性，FFRDC 规定其研发中心必须是独立的、不以营利为目的，并禁止其制造产品、与同行业竞争，或为商业公司、企业效力。FFRDC 的规定有力地保障了林肯实验室自治性和独立性，并聚集了政府、产业和学术界的专业知识和愿景。①

### 2.3.5 英国国家海洋中心

作为第一次工业革命的发源地，欧洲一直以前沿性、全球性和战略性的视野对其公共科技体系进行管理和布局，以确保其在科学研究方面处于世界领先地位。英国国家海洋中心（National Oceanography Centre，NOC，以下简称海洋中心）作为世界公认的顶级海洋研究机构之一，在海平面科学、沿海和深海研究与技术开发领域取得了举世瞩目的成就。海洋中心成立于 2010 年 4 月 1 日，由英国自然环境研究理事会（Natural Environment Research Council，NERC）全权所有。海洋中心的起源可以追溯到 1949 年，当时国家海洋研究所刚刚成立。1996 年爱丁堡公爵将南安普敦大学的海洋和地质学系与原海洋科学研究所及南威尔士巴里码头的研究机构合并，于南安普敦筹办了南安普敦海洋中心。2005 年爱丁堡公爵将该海洋中心正式命名为南安普敦国家海洋中心（NOCS）。2010 年 2 月，南安普敦国家海洋中心与原普劳德曼海洋实验室（POL）正式宣布合并，合并之后的机构便是现在的海洋中心。目前，海洋中心主要有南安普敦和利物浦两个研究基地，其中，南安普敦研究基地即

---

① 柴坚 . 美国 MIT 辐射实验室和政府的互动关系［J］. 中国科技论坛，2017（01）：164-171.

南安普敦国家海洋中心，位于南安普敦大学海滨校区，由南安普敦大学和自然环境研究理事会共同拥有。海洋中心利物浦研究基地即前普劳德曼海洋实验室，位于利物浦大学。此外，2015 年 8 月，海洋中心与利物浦大学和利物浦约翰摩尔大学共同建立了利物浦可持续海岸与海洋研究所（LISCO）。2015 年 11 月，海洋机器人创新中心（MRIC）正式在南安普敦开设，以提供科学与商业之间的重要联系。

海洋中心是一家海平面科学、沿海和深海研究与技术开发机构，与英国海洋科学界诸多研究机构保持着密切合作。其主要从事从海岸带到深海大洋的海洋综合研究与技术研发，核心工作就是为整个英国海洋科研需求提供科学设备、技术与研究支持及科学咨询决策服务。海洋中心现有的大科学设备包括皇家科考船队、深潜器、先进的海洋传感器与仪器设备；主要研究活动包括连续的海洋观测、绘图和调查。同时，海洋中心还是英国最重要的海洋科学数据中心。

海洋中心如今主要的战略目标有：（1）与英国海洋科技界的其他研究机构建立紧密的伙伴关系，共同应对关键的科学挑战，包括海平面变化、海洋对气候变化的影响；（2）通过计算机建模预测并模拟海洋中的活动和长期监测技术突破等。该中心通过广泛的国内外合作，在全球社会经济的大环境下，进行海洋科学研究，使其成果能够支撑政策的发展、社会经济效益的创造，进而使其研究成果能够影响欧洲乃至全球的战略研究进程。①

### 2.3.6　意大利国家核物理研究院

意大利的国家实验室建设起步早，建立了相对完善的组织管理体系，在运行、管理方面积累了不少经验，实验室的产出和效果获得各界认可。意大利国家核物理研究院（INFN）是意大利国家实验室的典型。INFN 成立于 1951 年，隶属于意大利大学与科研部，在亚核物理、核物理、宇宙物理学等

---

① 马双，王峤，陈凯．国际典型国家实验室管理运营机制经验与启示——基于英国国家海洋中心的研究［J］．全球科技经济瞭望，2020，35（12）：27-34.

领域进行广泛的理论、实验和应用研究，有员工 5000 多名。意大利政府为 INFN 提供了稳定的经费支持，INFN 每年经费约 4 亿欧元，其中 65% 由政府拨款。INFN 有 4 个国家实验室，分别是弗拉斯卡蒂国家实验室、莱尼亚罗国家实验室、南方国家实验室和格兰萨索国家实验室。①

弗拉斯卡蒂国家实验室建于 1954 年，是意大利最大的加速器核物理和亚核物理实验室，有科研和管理人员 500 余人。该实验室于 1961 年建成了世界上第一台环形正负电子对撞机 ADA，成为科学史上的一座里程碑；2000 年建成的 DAΦNE 正负电子对撞机，拥有低能瞬时亮度的世界纪录；还有研究粒子加速技术的极高功率激光器 FLAME。弗拉斯卡蒂国家实验室自成立之初就瞄准加速器物理学的最前沿领域，建造了世界第一台环形正负电子对撞机，目前又致力于建造全球首台等离子加速器 SPARC_LAB，不断开拓加速器物理学新技术，建成后在提高粒子加速器功率的同时，将大幅缩小设施的尺寸。

莱尼亚罗国家实验室建于 1960 年，拥有 3 种性能不同、互为补充的静电加速器——CN、AN2000 和 Tandem，有科研和管理人员约 250 人。实验室主要研究与核物理有关的核结构和性质、重离子碰撞中的反应动力学、与恒星演化相关的核过程，研制和建造加速器及其组件、核辐射探测器等，开展核方法和技术在离子束、材料、地球和生命科学等方面的应用研究。莱尼亚罗国家实验室在医学成像、强子肿瘤治疗、质子和离子束放射治疗等技术开发应用方面具有优势，目前正在实施的项目包括：粒子加速器产生的强中子束项目，开发硼中子捕获疗法；医用放射性同位素项目，使用基于加速器的新方法生产常规放射性核素；创新医疗应用项目，通过在线同位素分离技术，生产用于诊断或治疗的一系列高纯度的放射性核素。

南方国家实验室建于 1976 年，主要开展核物理和粒子天体物理研究，有科研和管理人员约 150 人。实验室的两个加速器能产生大范围的稳定光束，

① 马宗文，孙成．意大利国家实验室的发展经验与启示——以国家核物理研究院的国家实验室为例［J］．全球科技经济瞭望，2021，36（11）：39-45.

可进行核结构、核碰撞以及固态物理、放射量测定等多个核技术领域的研究，拥有意大利唯一的用质子束治疗眼部肿瘤的中心。实验室在地中海 3500 米水深处建设大型水下科研基础设施 KM3NeT，将用于观测超高能天体物理中微子。南方国家实验室的 CATANA 中心是意大利唯一治疗眼部肿瘤的中心，其超导回旋加速器，能将质子束加速到 60MeV 的最高能量，特别适用于眼部罕见肿瘤疾病的放射治疗，自 2002 年建成以来已经治疗了 300 多名患有各种类型眼部癌症的患者；非破坏性原位分析实验室 LANDIS 利用 X 射线和电荷粒子束对考古和文化遗迹进行局部成分、二维或三维成像及矿物学表征分析，具有很高的化学灵敏度和空间分辨率。

格兰萨索国家实验室建于 1982 年，位于地下 1400 米处，总体积 18 万立方米，是目前世界上最大的地下实验室，正在进行中微子、暗物质、宇宙射线等前沿科学研究。覆盖实验室的白云岩山体有效屏蔽了来自宇宙的射线，山体中的天然放射性元素铀和钍含量非常低，使其成为极灵敏、高精密实验的理想场所。实验室有科研和管理人员约 100 人，每年来此合作研究的科研人员超 1100 人。

格兰萨索国家实验室因其得天独厚的实验条件，始终面向天体物理学、粒子物理学最前沿领域，建造世界最先进的科研基础设施，创新成果不断涌现。2018 年，Borexino 实验团队证明了中微子振荡在低能区的存在，对太阳内部核聚变的几个过程进行了精确测量，确定了核聚变的强度；2019 年，XENON1T 探测器首次在氙 –124 同位素原子核中实现了对两个中微子双电子捕获的直接观察，这是有史以来直接观察到的最罕见的衰变过程；2020 年，Borexino 实验团队直接探测到太阳核聚变碳 – 氮 – 氧循环产生的中微子，确定了太阳核聚变过程中大约 1% 的能量来自该循环，此研究提供了宇宙中氢恒星转化为氦恒星机理的实验证据；同年，LUNA 实验装置 400 千伏加速器的强质子束轰击了高纯度氘气靶材，并用高纯度锗探测器检测了正在研究的核反应产生的 $\gamma$ 射线，这项精准测量结果丰富了人们对物质形成和宇宙组成的认识。以上四项结果均发表在《自然》杂志，在国际上产生了重要影响。

## 2.4 国家实验室发展前景展望

人类社会发展至今，已经历了两次科学革命、三次工业革命的洗礼。每次科技革命都伴随大国更替和民族兴衰。那些因时而动、因地制宜、探索形成适合自身国情的科技发展道路的国家，都成为当时的世界科学中心或科技创新中心，主导或引领了不同历史时期的科学革命或技术革命，成为历次工业革命的倡导者、核心力量和主要受益者。习近平总书记2021年5月在中国科学院第二十次院士大会、中国工程院第十五次院士大会、中国科协第十次全国代表大会上讲话指出，“国家实验室、国家科研机构、高水平研究型大学、科技领军企业都是国家战略科技力量的重要组成部分，要自觉履行高水平科技自立自强的使命担当。”“国家实验室要按照‘四个面向’的要求，紧跟世界科技发展大势，适应我国发展对科技发展提出的使命任务，多出战略性、关键性重大科技成果，并同国家重点实验室结合，形成中国特色国家实验室体系。”

### 2.4.1 强化国家实验室建设的顶层设计

国家实验室汇集了优秀的科技人才资源，是探索原始创新、颠覆性创新的国家级平台。政府是国家实验室体系顶层设计的规划者，国家实验室体系构建要以国家重大需求为牵引，强化政府的宏观战略规划作用。中央政府和地方政府科技管理部门对实验室宏观远景规划进行定位，出台实验室发展中远期规划，并在此基础上制定科技政策，推动实验室快速发展。在进一步梳理国家重大战略需求的基础上，凝练国家实验室前沿研究方向、厘清具体研究内容、确立分层目标体系、明确各方参与责任、构建建设技术路线图，为国家实验室的孕育提供优质基础。不断提高国家实验室研发水平和强度，集中开展多学科探索性研究，推动相关学科领域突破性知识创新和关键技术创新，代表国家主动对接国际一流科技前沿阵地。

### 2.4.2　聚焦国家重大战略需求组织协同攻关

国家实验室建设的定位是面向国家重大需求，有针对性地建设大科学装置，完成国家使命。国家实验室主要研究任务是围绕国民经济和社会发展目标，解决复杂的、偏中长期的重大科学和技术问题，通过前沿科学研究和创新研究为国家工业、企业的发展提供长期的、战略性的技术储备和支持。国家实验室承担着基础研究的重要使命，其自主创新能力直接关系到我国原创性科技创新水平，是解决一系列“卡脖子”技术“瓶颈”的关键力量，内容涉及技术创新、知识创新和组织创新的各个方面。国家实验室强调国家目标，面向国家战略需求中的科学问题，完成综合、复杂的重大科研任务，具有学科交叉融合、规模较大、综合功能更强等特点，拥有大型实验设施等。探索政府统筹协调、市场需求牵引的复合型科研项目创新机制。发挥国家实验室的衔接作用，撬动产业力量为基础科研校正方向、提供资源。新时期国家实验室与市场力量的协同创新并非局部性、浅层次的合作行为，而是包括国家使命、战略目标、政策扶持、资源统筹、成果共享、权责划分、信息共享等在内的一系列合作机制。建立多主体、跨学科的科研需求响应机制。未来科技挑战和创新趋势越来越倾向学科交叉的综合性、复杂性问题研究，而单个国家实验室难以承载所有学科，因此要扩大协同创新范围，形成协同创新。打破自上而下的需求发布机制，建立起开放式、多渠道的需求来源机制。

### 2.4.3　推动国家实验室优势研究领域的新陈代谢

国家实验室建设依托各种大型科学工程、项目和政府科技政策，在完成大型科学工程、项目和国家科技政策目标的同时也完成了自身建设。结合新国家战略需求，通过深化发展、拓展、压缩或淘汰等具体措施，实现国家实验室优势研究领域的新陈代谢，保证国家实验室发展的可持续性。国家重大战略需求具体内容形成竞争，为孕育国家实验室提供优质“种子”。通过实验室间研究内容的合理布局，奠定显性或隐性的科技项目竞争格局，为国家实验室的自我发展提供不竭动力。形成竞争文化氛围，为各国家实验室间不同文化特质的形成和实现国家实验室向更高层次的持续跃迁提供更优环境。①

### 2.4.4 构建基于市场合作参与的利益共享机制

在实验室建设启动阶段，实验室迫切需要强大的驱动力促进其稳定发展，国家引领力、市场拉动力成为实验室运行发展的核心力量，有助于促进实验室迅速进入成长期或成熟期。以国家引领力、市场拉动力为核心的实验室发展需求主要包括国家战略需求、社会发展需求、企业研发需求等。充分调动参与各方的优势资源，突破行业内关键技术“瓶颈”，实现资源互通共享并获得与投入成正比的收益，充分调动合作成员的积极性，并保障每个参与主体的切身利益。

### 2.4.5 创新国家实验室运行模式

国家实验室属政府所有，有其独特的科研使命，因此其管理运行应该相对独立，以便于其科研框架的设计和执行。美国能源部通过与大学签订“管理与运行”（M&O）合同，国家实验室的管理由大学负责，但又独立于大学之外。大学通过设立专门的机构对负责管理的实验室进行管理、支撑和监督，用完善的机制保障实现国家实验室与大学之间的沟通，以实现大学与国家实验室间的相互补充和相互促进。有的国家实验室其本身或其运营单位可以以有限公司、注册联合会、私立基金会等形式成立。在保证国家实验室能够充分行使独立的人、财、物等权限的前提下，可以实行不同形式的管理体制和运行机制。国家重大科学工程一般纳入国家实验室进行管理。大型科研设施在建设前就考虑到了开放和共享问题，在预算中明确列出了开放和共享的费用比例，并且这笔费用只有在外来使用人员签字后才能够真正地支出，这大大激励了合作的积极性，提高了实验设施的利用效率。国家实验室设备要真正做到对外开放共享。国家实验室普遍设有理事会、股东委员会等管理监督机构，对科研机构的管理、学术、财政等方面进行监督。

① 聂继凯，危怀安．国家实验室建设过程及关键因子作用机理研究——以美国能源部 17 所国家实验室为例［J］．科学学与科学技术管理，2015，36（10）：50–58.

# 第三章

# 国家科研机构

国家科研机构也被称为国立科研机构，是由国家建立并资助的科研机构，其体现国家意志，有组织、规模化地开展科研活动，是国家创新体系的重要组成部分，也是国家战略科技力量的重要组成部分。习近平总书记在中国科学院第二十次院士大会、中国工程院第十五次院士大会、中国科协第十次全国代表大会上的讲话中强调，“世界科技强国竞争，比拼的是国家战略科技力量。国家实验室、国家科研机构、高水平研究型大学、科技领军企业都是国家战略科技力量的重要组成部分，要自觉履行高水平科技自立自强的使命担当。”“国家科研机构要以国家战略需求为导向，着力解决影响制约国家发展全局和长远利益的重大科技问题，加快建设原始创新策源地，加快突破关键核心技术。”

在新时期新阶段，我国国家科研机构应坚持面向世界科技前沿、面向经济主战场、面向国家重大需求、面向人民生命健康，牢记创新科技、报国为民的价值遵循，开展充分体现国家意志、有效满足国家需求、代表国家最高水平的战略性、基础性、长远性科学技术创新，着力解决影响制约国家发展全局和长远利益的重大科技问题，加快打造原始创新策源地，加快突破关键核心技术。中国科学院是中国自然科学最高学术机构、科学技术最高咨询机构、自然科学与高技术综合研究发展中心，也是目前全世界最大的研究机构。作为党、国家、人民可以依靠、可以信赖的国家战略科技力量，中国科学院正在努力实现“四个率先”目标，即“率先实现科学技术跨越发展，率先建成国家创新人才高地，率先建成国家高水平科技智库，率先建设国际一流科研机构”，旨在“加快打造原始创新策源地，加快突破关键核心技术，努力抢占科技制高点，为把我国建设成为世界科技强国作出新的更大的贡献”。

本章论述国家科研机构的历史沿革、发展脉络、内涵特征、演化规律和国际比较，探讨在实现高水平科技自立自强中国家科研机构的作用和实现路径。

## ➲ 3.1　国家科研机构的发展溯源

科研机构的体制化是科学体制化的前提和内容，也是科学发展的基础和标志。现代意义上的国立科研机构发源于欧洲。成立于 1660 年的英国皇家学会是最早由国家支持的近代科学组织之一。1666 年由科尔伯特建立的法国科学院是世界上最早以正式组织形式成立的国家科研机构，由政府拨款支持。法国科学院院士可以从国家得到丰厚的年薪和研究经费支持。法国科学院成立之初，院士规模仅有 20 人左右，以学术精英主导为其基本的科研组织模式。法国先后成立了原子能委员会、国家农业科学研究院以及法国国家信息与自动化研究所等机构。德国哲学家、数学家莱布尼兹对法国科学院的科学管理制度倍加推崇，在他的努力下，1724 年圣彼得堡科学院（俄罗斯科学院）成立，1751 年哥廷根科学院建立，包括之后相继成立的莱比锡科学院、维也纳科学院等，也都采纳了法国科学院的章程和组织形式。

国家科研机构的产生是科技与经济发展到一定阶段的历史产物。19 世纪后，科技对经济社会、国家安全的影响日益显著，各国政府对科技广泛涉入，国立科研机构快速发展，成为各国最重要的国家战略科技力量。与经济组织不同，国家科研机构由国家直接投资与管理，不以获取经济利益为主要目的，而是以服务国家利益、服务国家目标为主旨，研究领域集中在农学、地质、卫生等国家需求和公共需要领域。德国国家科研机构主要是在 20 世纪初开始建立的，成立了马克斯·普朗克科学促进学会、弗劳恩霍夫应用研究促进协会以及德国反应堆控制站管理和运行事务工作委员会（德国亥姆霍兹联合会的前身）等。美国国家科研机构的建立是在南北战争（1861—1865 年）以后，伴随着美国工业化进程，联邦政府在农、林、渔、气象和地质等公共领域建立了一批研究机构。最早建立的是美国地质考察局（1879 年）及分布在各州的农业实验站①。随后建立的有美国国家标准局（1901 年）、统计局（1902

① 樊春良、李哲．国家科研机构在国家战略科技力量中的定位和作用［J］．中国科学院院刊，2022, 37（5）: 642–651.

年)、矿产局(1910年)、公共卫生服务局(1912年)和国家航空咨询委员会(1915年)等一批联邦科技机构及所属科研机构。1930年,美国国立卫生研究院建立[①]。亚洲主要国家以政府投入为主,快速建立起自己的国家科研机构。新中国于1949年成立了中国科学院;日本分别于1956年和1966年成立了国家金属材料技术研究所和国家无机材料研究所;韩国于1966年创设了韩国科学技术研究院等。

科研机构的发展是一个从松散到紧凑、从自由探索到定向研究、从业余爱好者到职业科学家的发展过程。"松散式"科研机构始于16世纪中期,持续到19世纪初。"松散式"阶段,科研机构主要发挥聚集科研人员、促进科技成果交流和配置科技资源的作用。英国皇家学会作为这一时期典型的科研机构,科研人员较少,开展的科研活动主要以讲座为主。"紧凑式"发展阶段,国家科研机构结构趋于刚性化。采用层级管理制度,强化内部管理。科研职业化成为主流,国家对科研机构加大研发投入和政策支持力度,建设科研仪器和条件平台,促进广泛的科研活动,完善信息沟通机制,加强科研成果的交流和发布,尤其是科研发布平台的建设完善,推动了科研成果的社会化传播和应用。

从国家科研机构发展来看,逐步从自由探索研究为主向战略性定向研究转变,科研组织和科研目标更加强调国家意志,突出集体性、组织性攻关。国家对科研机构给予资金和政策支持,科研人员成为职业科学家。

一是从自由探索到定向研究。科研机构初期阶段,科研人员开展科研活动的随意性较大,往往以科学家个体根据兴趣爱好和专业特长的方式进行,科研选题以科学家兴趣为主导,科研组织和科研活动的目标、任务等缺乏系统规划和指导。随着科研活动的日益频繁,科研机构的建制化、组织化特征日益凸显,科研活动和任务选题逐步形成自上而下和科学家自由选择相结合的方式进行,国家对科研机构的规划指导和对重点领域的选题、任务部署等方面由浅入深。政府为科学家开展科研活动提供经费资助,建设科研活动条

---

① Dupree A H. Science in the Federal Government: A History of Policies and Activities to 1940 [M]. Baltimore: Johns Hopkins University Press, 1964.

件保障平台。

二是从业余爱好到科学职业。初期，科研机构专职科研人员较少，开展的科研活动不多，条件保障、经费缺乏影响了科研交流，科研职业化程度很低。此时，科研活动的“业余性”特征较为明显。科学家以自己的兴趣爱好进行科学研究，科研导向主要以促进知识传播和科技进步为主。在发展的后期，国家科研机构开始为科研人员提供研究资助和薪酬保障，科学成为社会的建制，业余爱好成为社会职业，科学家的形象在社会中更加清晰和突出，发挥的作用也越来越强，成为推动社会发展的关键力量。

三是从松散无序到组织有序。科研机构发展初期，由于缺乏明晰的规划和指导，科研活动局限性较大，科研交流主要在少数科研人员中进行，科研活动的社会认同度低，社会对科研活动支持力度较弱。英国皇家学院这一时期同样存在资金不足的困境。由于缺乏稳定资助，科研人员购买科研仪器和开展科研活动受到限制，影响了科研进程和科研交流。科研人员难以熟悉和及时了解最前沿的科研成果，重复性科研活动经常出现，导致科技组织人力、物力资源的浪费。随后，建制化的科研组织发挥了重要作用，国家科研机构开始得到国家的重视和支持，更加强调科研的导向性、组织性和系统性，在科研选题、任务组织和规划目标方面突出国家意志，科研项目组织和科技管理行政体系也更加有序。

## ➲ 3.2　国家科研机构的内涵特征

国家科研机构是由国家建立并资助、为国家利益和国家目标而建立的科研组织。国家科研机构围绕国家战略需求有组织、规模化地开展跨学科、跨领域的交叉融合性科研活动，承担着开展科学研究、培养科技人才和提供科技政策咨询等多方面的使命和职能。当今世界，所有发达国家、新兴国家和发展中国家都有自己的国家科研机构。从某种程度来说，一个国家科学技术的发展，始于国家科研机构的建立。迄今，国家科研机构是国家科技发展的重要基础和支撑，影响着国家科技创新长远发展和战略布局，是国家科技创新最高水平的代表。国家科研机构聚焦国家战略需求，服务国家战略目标，是国家综合国力的集中表现，在科技创新中发挥着骨干引领作用。国家科研机构作为国家战略科技力量，突出地体现在面对国家战略领域重大科技问题进行长期持续的研究，以及彼此之间的合作①。

从国家科研机构开展研究的内容来看，世界典型国家科研机构大致分为三大类，如表 3–1 所示。第一类是以基础研究为主的科研机构，如美国国立卫生研究院、日本理化学研究所、德国马普学会、法国国家科研中心、英国研究理事会及俄罗斯科学院等。第二类是以应用研究为主的科研机构，包括日本产业技术综合研究所、德国弗朗霍夫学会、澳大利亚联邦科工组织等。第三类是以大科学装置为主导的科研机构，包括美国能源部国家实验室、德国亥姆霍兹联合会、欧洲核子研究中心等。在我国，以中国科学院及中央部委直属的科研机构为代表的国家科研机构在科技领域一直发挥着骨干和主力军的作用。它们与高校研究力量的比较来看，大致各占半壁江山。

表 3–1　世界主要科研机构按照研究内容分类

| 类别 | 研究内容 | 世界主要科研机构 |
|---|---|---|
| 第一类 | 以基础研究为主 | 美国国立卫生研究院、日本理化学研究所、德国马普学会、法国国家科研中心、英国研究理事会及俄罗斯科学院等 |
| 第二类 | 以应用研究为主 | 日本产业技术综合研究所、德国弗朗霍夫学会、澳大利亚联邦科工组织等 |
| 第三类 | 以大科学装置为主导 | 美国能源部国家实验室、德国亥姆霍兹联合会、欧洲核子研究中心等 |

国家科研机构以服务国家利益和国家目标为主旨，具有显著的共性特征。一是在国家安全和战略性领域开展有组织的长期研究，如军事科技、核能、

① 樊春良，李哲 . 国家科研机构在国家战略科技力量中的定位和作用［J］. 中国科学院院刊，2022, 37（5）: 642–651.

空间、农业科技等领域组织科研任务攻关。二是在关乎国家长远发展和国家安全的重大科技领域前瞻部署科技项目，且这类项目具有战略性、基础性和长远性特征，项目的研究具有较大风险性，研究周期较长，投入较大，甚至需要依托重大科技基础设施和专业性科技条件平台，企业和高校难以单独完成。如中国天眼、人造太阳等大科学工程的建设和运行，需要国家科研机构的力量。三是对国家经济社会发展具有关键性意义的科技创新任务，如环保科技项目、重大传染性疾病防控等。四是涉及国家安全保密的重大项目。国家科研机构的研究重点是战略性、基础性和定向性科技攻关任务，发挥科研组织化、系统化和建制化优势，建有重大科技创新基础设施和重大科技创新平台，一般情况下，高校和企业难以具备上述的要求和条件。国家科研机构成立的使命任务和后续的发展还有以下特征。

1. “学科”与“任务”并重。国家科研机构在成立的初期，有些是因科学发展而成立，主要是以特定的学科为基础，如中国科学院的物理所、化学所、声学所等，开展以学科为基础的前沿交叉和应用基础研究，创新科技，报国为民。有些是因服务国家战略需求、解决重大科研任务而发展起来的。如“二战”后期，核技术、空间技术对政治、军事和经济发展产生较大影响，世界各国相应成立研究机构，开展任务攻关。如 1954 年出现了“欧洲核子研究中心”，法国在 1961 年成立了“国家空间研究中心”。英国、日本等国也都相继建立了自己的国家空间科学机构。

2. “经济”与“科技”互动。国家科研机构以国家战略需求为导向，充分体现国家意志，开展优先发展领域的科学研究和关键核心技术攻关。同时，国家科研机构发挥在创新系统内的资源整合优势，以高质量的研究成果有效支撑国家和地方经济社会发展，通过科技成果转化和知识溢出、人才培养等途径，促进新兴技术的落地生根，催生新的经济增长点。尤其是一些变革性技术，显著提升生产力，影响着生产关系。如伴随欧洲核子研究工作发展起来的互联网技术、伴随德国尤利希研究中心相关工作发展起来的磁盘存储技术催生了变革性技术，对经济发展起到了巨大推动作用，深刻影响生产关系。

3. “大科学”与“大装置”协同。科技发展更多强调开展前瞻性的跨学科综合研究，这就越来越依靠大科学装置和平台条件的保障支撑。发挥大科学装置平台优势成为国家科研机构发展的重点趋势。许多拥有大科学装置的研究机构最终都发展成为依托装置或装置集群的国家大型综合科学研究中心。例如，德国亥姆霍兹联合会就是典型的大科学中心联合会，雇员超过 3 万人，年度经费总额达 34 亿欧元，是德国乃至欧洲最大的科研机构，它在 6 个研究领域部署了 18 个大科学研究中心，其中每个中心都有重大科技设施。以大科学装置集群独具的优异性能吸引世界各地优秀科学家来进行实验研究工作，成为世界杰出人才的聚集地、世界最优秀科技成果的诞生地和解决“大科学问题”的依托平台。

4. “项目”与“组织”共生。国家科研机构是与政府的职能联系在一起的，发挥科研承担者和科研组织者的双重作用。国家科研机构一方面要结合自身优势，承担国家重大科技创新项目，开展集体性科技创新攻关，产出一流重大科技创新成果，有效满足国家需求。更重要的方面，是聚焦国家战略需求和国家安全、国际竞争、经济社会关键领域重大科学和技术问题，发挥创新能动作用，前瞻布局重大科技项目，优化资源配置，汇聚创新要素，调动战略科学家、科研人员的积极性、主动性和创造性，有效发挥科研组织者的作用，形成科技创新的非对称性的竞争优势。

为发挥科研组织化和建制化优势，国家科研机构开展的科学研究具有以下特点：一是重大科技创新任务攻关。围绕国家重大需求任务，承担那些与国家利益相关、涉及国计民生和国家安全的重大项目研究，或企业、高校不愿开展或不具备条件开展的基础科学研究、战略高技术、竞争性前沿技术等。二是学科综合交叉融合。综合多学科的基础，发挥多学科交叉优势，开展前沿交叉研究。大型国家科研机构下设若干研究所，通过跨学科开展研究，推动多学科交叉融合创新。三是周期性长、政府履职要求进行的科研。国家科研机构组织科研人员长期深耕一线，开展基础性研究。同时，对涉及技术监督、环境控制、标准计量等政府履职需要的科研支撑方面组织力量进行研究，与企业、高校的研究在定位上形成互补性。四是发挥科技创新骨干引领和资源组织作用。国家科研机构开展的研究和形成的重大科技成果是引领性的，被国际同行广泛关注的，同时能对科技创新资源要素进行系统整合汇聚，进而优化资源要素配置，对关键性技术和基础性前瞻科学问题进行建制化、组织性攻关。

## ➲ 3.3　世界典型的国家科研机构

### 3.3.1　世界最早的国家科研组织——英国皇家学会

成立于 1660 年的英国皇家学会是最早的由国家支持的近代科学组织之一，全称“伦敦皇家自然知识促进学会”。该学会起源于 1660 年由自然哲学家和医生组成的“隐形学院”，是世界上历史最长而又从未中断过的科学学会，在英国起着全国科学院的作用。英女王是学会的保护人，布隆科尔勋爵是第一任学会会长，1915 年以来，学会的历任会长都是诺贝尔奖获得者。学会的目标是认可、促进和支持卓越的科学，并鼓励发展和利用科学造福人类。政府为学会经营的科学事业提供财政资助。英国皇家学会规定了科学活动的章程，创办了学术期刊，成立之初的会员多是业余科学家。英国皇家学会最为核心的是他的会员，涌现出法拉第、牛顿、达尔文、卢瑟福、霍金等著名科学家。学会没有自己的科研实体，主要通过指定研究项目，资助研究、制订研究计划等实现组织目标。

英国皇家学会是国家科学院，在国内和国际代表英国科学界。英国皇家学会目前有近 1500 名院士和外籍院士，院士都是来自英国和外籍的著名科学家、工程师和技术人员。有 80 多位诺贝尔奖获得者。作为英国科学界的“排头兵”和“领头羊”，英国皇家学会以鼓励科学研究和应用、选拔评议优秀的科学研究项目、推动国际科技交流合作为己任，同时发挥科技战略智库作用，为英国政府机构提供政策建议，包括科学目标规划、优先发展领域、政府与科学教育关系等。皇家学会实行理事会负责制。学会的事务由理事会负责处理，理事会一般由 20 多位成员组成，每年的 1 月召开年会，3 月召开选举年会。英国皇家学会是国际科学联合会的创始成员单位之一，与世界上一流的科研机构、高校保持着广泛的学术交流、密切的科技合作和深度的联合研究关系。英国皇家学会与中国主要的科学组织（如中国科学院）开展科技合作、学术访问、合作研究等，签署有正式和非正式的合作协议。

回望英国皇家学会的辉煌成就，从一个科技社团走向国家科学院，有几条经验是值得关注的。

一是会长的战略组织作用，会员的强烈责任心。会长在学会发展过程中发挥着带头作用和战略组织作用，历任会长都是知名科学家，不仅在学术界具有很高的影响力和威望，而且具有强烈的责任心和组织能力，对科学技术具有战略敏感性。像科学巨匠牛顿任会长期间，学会共召开 175 次理事会议，他参加了 161 次。学会吸收一流的会员，推动会员之间的学术交流和科研活动，以促进自然知识创造，制造业、机械操作、工具改革等技术进步和发明创造，清晰的战略目标和会长的战略组织作用、会员的强烈责任心促使学会取得了辉煌的发展成就。

二是面向国家战略需求，为国家利益提供服务。皇家学会作为科学组织服务的提供者和英国的科学院，始终为国家需求和国家利益服务。学会发展的早期，国王就指派了几项任务要求他们进行研究。一次是送来两块磁石用作实验，后来又送来了玻璃球要求检验，他还请皇家学会的人谈谈他们对敏感植物的看法，特别是有一次他要求学会承担建造一个月球模型的任务，学会把这个任务安排给克里斯托弗·雷恩。后来经过一段时间的努力，他终于按时完成了这个任务，国王收下了这个模型并把它放置在自己收集的各种珍稀物品当中①。学会的科学权威功能，得到了英国政府的支持和合作，学会也多次为政府提出咨询建议，提供科学服务，得到政府支持。

三是推进学术开放民主，促进学术和成果交流。皇家学会开启了近代

① 夏东荣 . 英国皇家学会的早期发展对科学社团的启示［J］. 学会，2013（12）:12–22.

学术民主的先河，波义耳曾把学会初期的学术民主交流聚会称之为“无形学院”。学会的学术民主和研讨制度化，学会会员自由讨论，大胆提出新的见解。鼓励会员进行前瞻探索，一切问题和实验的不同见解都可以提出，以平等身份进行讨论交流，鼓励学术“百花齐放”。学会成立之初便鼓励会员撰写论文和学术报告，并在学会会刊《哲学论坛》发表。学会制定了同行专家评审制度，这也开创了近代公正、公平科学评审制度的先河。学会还建立了科学奖励制度，1730 年就设立了科普利奖，表彰那些在科学领域做出卓越成就的人。

### 3.3.2　欧洲最大的基础研究机构——法国国家科研中心

法国国家科学研究中心成立于 1939 年 10 月 19 日，肩负法国国防建设任务和基础科学研究、经济社会发展重任。法国国家科学研究中心成立时处于“二战”爆发初期，法国政府为抵御入侵迫切需要整合全国科技资源，提高国防科技力量。“二战”期间，法国国家科学研究中心在核弹、无线电、舰艇装备以及战时食品替代品加工等国防领域科研工作中发挥了举足轻重的作用。“二战”后，中心由面向国防需求为主转向基础研究。1966 年，中心开始与高校开展紧密合作，积极共建混合实验室。1970 年后，中心的研究重点放在解决与社会发展密切相关的科学问题上，研究领域拓展到工业领域。同时，中心高度重视科技成果转化运用，与工业企业保持密切协作关系。2008 年中心发布《2020 年战略计划》，明确主要职能是：服务国家经济、社会的科技创新工作，推动科技成果转化和传播，为政府决策提供科技战略咨询服务，培养科技人才队伍。

法国国家科学研究中心隶属于法国高等教育和研究部，是法国最大的政府研究机构，也是欧洲最大的基础科学研究机构，同时也是世界顶尖的科学研究机构之一。中心的主要职责是探索生命世界、物质、宇宙和人类社会的科学规律和技术创新，因其在科学领域的卓越贡献而在国际上享有盛誉，被认为是世界科学技术发展的“风向标”。1939 年以来，中心共有 22 位诺贝尔奖获得者，在法国国家创新体系中占有绝对优势和主导地位。现有研究人员33000余名，下属国内及国际研究单位1100余家，拥有1100多个分布在法国各地的基本科研单元，包括1000多个实验室、133个科研支撑服务机构。法国国家科研中心汇聚多学科优势，瞄准科学和社会需求进行投入。法国国家科研中心重视组织法国科学家进行科技合作交流。从1978年以来，法国国家科研中心正式与中国建立科技合作交流关系。于1994年5月正式同中国国家自然科学基金委员会签订合作协议，在基础研究和应用基础研究领域开展科技合作交流。

梳理法国国家科研中心的创新之路和成功经验，有几条经验值得关注。

一是坚持“科学家治院”理念，发挥科学家战略组织作用。法国国家科研中心目前是理事会决策制度，理事会下设行政班子，按照行政事务和科研事务两条线设置。理事会主席由具有较高声誉和影响力的科学家担任，发挥“科学家治院”的战略组织作用。理事会主席在学科布局、科研选题、任务组织等方面发挥了关键性作用，既能保证中心科研目标围绕国家战略需求，也能聚焦前沿科学技术，同时使科研活动尊重创新规律，产出满足国家需求和引领创新的重大成果。

二是推动跨学科、跨领域研究，发挥规模化科技创新优势。为服务国家战略需求，开展跨学科、成建制科研联合攻关。中心在2008年对内部科研组织管理模式进行了较大幅度改革，整合形成了按主题科学领域划分的十家创新研究院。创新研究院具有较大规模体量，负责统筹协调分布在法国各地相关领域研究单元的科研业务工作，具有实验室人员、经费等资源配置权①。通过强化跨学科领域的交叉研究机制，集中资源针对优先领域推动研究。跨学科、跨组织的交叉研究产出了众多引领性、原创性科技成果。

三是大力推动科教融合，促进人才的流动和协同创新。中心始终重视与高校的合作，其3/4的实验室设在高校，并为高校提供协作实验室。中心推

① 盛夏.率先建设国际一流科研机构——基于法国国家科研中心治理模式特点的研究及启示［J］.中国科学院院刊，2018,33（09）:962-971.

进的“混合科研单元”组织模式有效促进了中心与高校的融合合作，实现实验室、科研平台和人才资源的共享。在用人方面，中心采取“自聘人员 + 合作方派出人员”的开源合作模式。在混合科研单元工作的科研中心自有研究人员，通常仅占全部研究人员的 1/3。骨干队伍规模适度，研究与工程技术人才队伍并重，开放多元是中心人才工作的显著特色。正是由于科教融合和人才开源合作，促进了中心高质量人才队伍的汇聚。

### 3.3.3　全球最大的卫生研究机构——美国国立卫生研究院

美国国家科研机构众多，以从事基础研究为主的美国国立卫生研究院是全球最大的卫生研究和资助管理机构。美国国立卫生研究院成立于 1887 年，最初是美国联邦政府在纽约州斯塔腾岛上的海军医院内设立的一间卫生学实验室。当时的主要工作任务是开展例行的细菌学检验，如检查新移民是否携带传染病。20 世纪后，随着美国政府对国民食品、药品的介入程度加深，对入境生物开展监管，医院所属的海军医院部在 1902 年更名为“公共卫生与海军医院部”(后来的公共卫生部)。这样医院所属的卫生学实验室规模和工作范围得到扩充。“一战”经验让美国科学家认为政府在科研活动中发挥着极其重要的作用，包括经费支持、协调管理等，于是在众多美国科学家的建议下，美国政府于 1930 年通过议案，将已经迁移到华盛顿特区的卫生学实验室改建为国立卫生研究院，并拨付专款 75 万美元兴建新楼。1938 年在马里兰州设立总部，启动院内研究计划。虽然卫生研究院在建院初期遇到了经济大萧条，后又经历了“二战”，但是美国政府很重视医院的发展建设，包括对医院的资助和建设新址。1940 年 10 月 31 日，美国总统罗斯福为卫生研究院在马里兰州贝塞斯达的新址主持了揭幕典礼。

目前，卫生研究院坐落在美国马里兰州贝塞斯达，由 27 个研究所和研究中心组成，院长由美国总统提名，经过国会听证批准后由总统亲自任命。美国国立卫生研究院主要开展探索生命本质和行为学的基础研究，同时运用知识延长人类寿命，开展重大疾病预防、诊断和治疗。美国联邦政府对生物医学领域的研究拨款主要由卫生研究院负责发放，卫生研究院将 80% 以上资金用来资助院外项目，共有 153 位受资助的科学家获得诺贝尔奖，推动了核磁共振成像、癌症病理、脑科学等领域的发展，极大地改善了人类的健康和生存状况。卫生研究院在经费管理方面把自己定位为“管家”，既推动科研发展，也不浪费纳税人的钱。

从卫生研究院建设发展和资助项目取得的成功来看，有几点值得关注。

一是国家布局重大项目，整合多组织、多学科协同创新。卫生健康是最具公益性的研究，美国高度重视在卫生健康项目的投入，保持在此方面的引领性地位。如 1971 年卫生研究院提出并经国会批准的法案“向癌症宣战”，该计划已消耗了 1000 亿美元以上的联邦资金，这还未将制药厂商、私人资金和州政府投入统计在内。这项影响人类健康的大项目，研发周期长，需要跨学科协同作战，统筹协调和组织多个研究机构、不同领域科学家集体攻关是极其必要的。统筹协调机制也避免了重复投入和研发，使研发资助和珍贵病理标本得到最有效的共享，提升科研效率。

二是使命定位由国家法定，推动引领性、战略性创新。卫生研究院下属每个研究所都有自己明确的使命定位，且已写入法律。法律还规定每个研究所都必须得到研究经费资助。研究所所长由总统提名，经国会通过后由总统亲自任命。为鼓励长期性、高创新性研究，设立终身研究员制度，鼓励开展难度大、周期长的研究，以期望在影响未来发展的关键性领域取得领先性科技成果。正是由于卫生研究院法定的使命定位，持续的科研投入，才能保证其开展重大基础性、公益性项目的稳定性，让科研人员心无旁骛，潜心医学卫生的科技攻关项目研究。

### 3.3.4 俄罗斯科学院

俄罗斯科学院是俄罗斯的国家科研机构，是履行领导和开展科学研究的非营利性法人。俄罗斯科学院的成立与俄罗斯彼得大帝的开明密切相关。它的成立并不像其他国家一样由科学社团、学会演化而来，而是由彼得大帝

“从上而下”地推动成立，借鉴其他国家科学团队的模式，于1724年颁布命令，在圣彼得堡创建科学院。1803年改名“帝国科学院”，1836年改为“帝国圣彼得堡科学院”。1917年俄国十月革命后，俄罗斯科学院成为国家科学组织，正式被称为“俄罗斯科学院”，该称谓一直持续到1925年，同年更名为“苏联科学院”。随着苏联的解体，俄罗斯科学院成为苏联科学院在俄罗斯境内的继承者。此时的俄罗斯科学院国际影响力迅速下降，科研效率受到诟病。1991年11月，俄罗斯联邦总统签发第228号令《关于俄罗斯科学院的组织》，俄罗斯科学院作为俄罗斯的最高科学机构获得重建。为提高俄罗斯科学院的科研效率和竞争力，2013年，俄罗斯总统普京签署改革法案，将俄罗斯医学科学院和俄罗斯农业科学院并入俄罗斯科学院，同时成立联邦科研机构管理署，负责管理科学院资产。2014年，梅德韦杰夫签署了新的俄罗斯科学院章程。2015年起，俄政府开启对科学院的精简整合，提高科研经费的配置效率，研发经费投入科研效率高的研究机构。

俄罗斯科学院是俄罗斯科学界的骨干力量，代表俄罗斯基础研究的最高水准，是俄罗斯最大型的科学基地。俄罗斯科学院的使命任务是为了国家幸福、繁荣而鼓励科学创造，它参与协调高校和科学机构在联邦预算支持下所进行的基础科学研究。它的职责主要是在自然、技术、医学、农业、社会和人文科学等重要领域内，保持基础研究和探索性研究的延续性和协调性，为政府工作和合理领导科研及高等教育机构的科技活动提供科学的评定。俄罗斯科学院下设3个分院，13个学部和15个地区科学中心，共500多个科学机构，包括研究所、科学中心、天文台、植物园、图书馆、档案馆、博物馆等，有工作人员约5.5万名，其中包括522名院士、822名通讯院士。俄罗斯科学院的科技成就显著，有学者评价，没有俄罗斯科学院，没有俄罗斯科学家，就没有后来的科学技术革命和信息革命[①]。在苏联时期，世界25%的技术也是由苏联科学院创造的。

回望俄罗斯科学院的兴起盛衰，机构的调整、改革和发展，取得的辉煌

① 周立斌，宋兆杰．俄罗斯科学院今昔［J］．科技管理研究，2010,30（16）:247-251.

成就，有几条经验值得关注。

一是国家对俄科学院的高度重视和根据发展需要推动组织变革是其发展的关键。国家科研机构的发展盛衰与国家重视密切相关。俄罗斯科学院的成立缘起国家领导人的颁发命令，成立伊始就承担了重大的科学研究活动。1736 年一位法国科学家曾说，在 20 年的发展时间里，俄罗斯科学院达到了其他国家科学院 60 年才能达到的水平。在发展低迷时，通过国家干预，进行资源的优化重组，针对新兴学科发展，及时将规模较小的研究机构合并到规模较大的科研机构中，形成资源合力和竞争优势。精简科研人员，聚焦国家定位的优势学科领域，突出科技创新的领先优势。如对原俄罗斯科学院、原俄罗斯农业科学院、原俄罗斯医学科学院进行重组，730 多个所属科研机构参与，对每类科研机构的定位和作用进行重新界定，发挥自身独特优势。

二是坚持为了科学，为了祖国的目标，推崇科学上独立的思想和精神。俄罗斯科学院由国家建立，但为了祖国的目标是科学院始终坚持的基本要求和创新遵循。俄罗斯科学院下属机构的定位使命、科研选题等坚持国家目标导向，强化价值牵引，产出满足俄罗斯战略需求的科研成果。同时，俄罗斯科学院推崇科学上独立的思想和精神，尤其是原创性的想法和创新思维、创新意识，鼓励科研人员开展基础性、前瞻性、引领性的基础研究，敢于大胆在原创领域开疆拓土。在 20 世纪大的科学发明中有 1/3 由俄罗斯科学院的科学家完成。

### 3.3.5 德国“四大”学会

德国的国家科研机构主要有马普学会、亥姆霍兹研究联合会、弗朗霍夫学会和莱布尼茨科学联合会。马普学会是受德国政府资助的学术组织，主要从事多学科和跨领域的基础研究，自 1948 年成立以来，马普学会共有近 20 人获得诺贝尔奖，占德国获奖总数的一半，被誉为“诺贝尔奖的摇篮”。亥姆霍兹研究联合会主要利用大型设备开展跨学科的前瞻性研究，在能源、地球与环境、医学健康、关键技术、物质结构、交通与航天等 6 个领域开展研究。

弗朗霍夫学会接受经济界和政府部门的委托，从事自然科学和工程技术领域的研究与开发。承担着联系基础研究和工业技术开发的桥梁作用，一方面从事高技术的应用基础研究，另一方面还开发可供工业界付诸生产的高技术成果。莱布尼茨科学联合会的研究介于基础与应用之间，莱布尼茨学会的许多研究所完全是以解决一个具体的社会问题或特定的目的而建立起来的[①]。

马普学会的前身是威廉皇帝科学促进学会。德国人在充分认识到科学对一国的重要性后，1911 年学会成立。威廉皇帝科学促进学会在哈纳克的领导下，逐渐形成了“让科学天才来主持新的研究所”的传统。曾担任威廉皇帝研究所所长的著名科学家有爱因斯坦、德拜、瓦尔堡、海森伯、波特、哈勃等。“二战”后，在英国占领者的建议下，1948 年威廉皇帝学会更名为马克斯·普朗克学会。马普学会是非政府机构、非营利性组织，拥有 91 个下属研究所及若干分支机构。

亥姆霍兹联合会由 1970 年成立的大型科研设施工作联合会更名而来，原名大科学中心联合会，是德国最大的科研实体，同时也是全欧洲最大的两家科研机构之一（另一家是法国国家科学研究中心）。赫尔曼·冯·亥姆霍兹是一位博学多才的德国科学家，是德国皇家物理与计量院首任院长。因其在现代物理学的理论、实验和技术应用方面的巨大贡献，他被称为“经典物理之王”，所以用他的名字命名“亥姆霍兹联合会”。联合会现有 18 个国立大型研究中心，负责多个重大科技基础设施的运营和管理工作，其重大科技基础设施支撑了近 200 个学科领域的研究活动。

弗朗霍夫学会创建于 1949 年，是欧洲最大的应用研究和开发型非营利性机构之一。在全球有 80 多家研究机构，总部设在慕尼黑，德国境内有约 70 家。弗朗霍夫学会在国际上与马普学会齐名，主要开展健康、安全、通信、交通、能源和环境等领域的研究，在德国创新体系中占有重要的地位和作用。学会面向产业界开展应用开发工作，在促进经济社会发展方面做出了突出贡献，成为世界上最高效的技术转移源泉之一，平均每个工作日有接近 3 件专

① 朱崇开．德国基础科学研究的中坚力量——马普学会［J］．学会，2010（03）:56-62.

利产生。1991 年，世界上第一台 MP3 就产生于弗朗霍夫位于埃尔兰根的集成电路研究所。

莱布尼茨科学联合会总部位于德国首都柏林，下设 80 多个研究机构。联合会的定位为问题导向的研究，同时提供咨询与服务。研究领域涵盖自然科学、工程科学、环境科学、经济科学、社会科学、地球科学和人文科学，联合会着力推进基础科学研究与应用相结合，与高等院校、工业界及其他国内外研究机构开展广泛而深度的科技合作。

梳理德国“四大”学会的发展历程和创新定位，有几点值得关注。

一是在国家战略导向下明晰目标定位，推动综合交叉研究。围绕国家战略需求和国家使命目标，聚集一流科学家，发挥规模创新优势，依靠跨学科、大协作和高强度的协同攻关方式，形成协同创新的研究基地。马普学会主要从事国家战略性基础研究，具有明显的目标导向性，这与大学开展的自由探索式的基础研究显著不同。普朗克曾经说过“知识要先于应用”，马普学会并非在所有学科进行全方位、全谱系研究，而是聚焦基础研究这一创新链谱系的关键阶段，促进跨组织、跨学科、跨领域的综合性交叉研究。打破学科界限，推动前沿交叉，把资金和科研力量集中在以应用为导向的基础性、前瞻性、综合性和交叉性研究（如马普学会启动跨所研究计划），与大学开展的自由探索基础性研究形成互补关系。

二是加大与高校紧密合作和融合创新，促进人才资源共享。德国的马普学会非常注重与高校开展科研合作和交流，联合培养人才，联合任命教授和荣誉教授席位。马普研究所有 90% 的所长在大学中担任教授工作，其中至少有 30 人在大学中任全职。尽管马普学会自身没有“博士学位授予权”，但它会为博士生提供研究条件直至做完博士论文。学会各研究所所长通常都是大学教授，通过在大学中授课发现优秀学生，吸引学生到研究所开展科研工作，为发现有潜力的科研人才提供了快捷渠道。推动大型科研仪器设备、实验室共享，联合资助研究重点和优先发展领域，推动重大科技成果产出。

三是依托重大科技基础设施，促进形成一流的科研成果。大科学时代，重大科学发现和技术攻关越来越依赖重大科技设施和平台条件的保障。德国亥姆霍兹联合会管理的重大科技基础设施在推动跨学科研究、前沿交叉方面发挥了关键性作用，产出了一流的前瞻性研究成果，促进了新兴研究领域的诞生。有些重大基础设施的建设，本身就是一项重大的科技突破。重大科技基础设施也是开展国家合作、吸引聚集一流人才的重要载体和平台。

四是建立联合攻关的合作网络，推动人才资源要素协同。德国“四大”学会在科研活动方面，除依靠自身资源力量开展任务攻关外，非常重视科技广泛深度的合作。一方面，与驻地高校长期紧密合作，另一方面，对于长期性科研难题，联合会建立分散式、受政府机构资助的战略合作网络。参与合作的机构各负其责，协同创新。此外，对于发展活跃且具有较大潜力，无法为合作关系提供长久资助的研究课题，联合会将与受政府资助的合作伙伴，形成项目资助的合作网络，推动受机构经费资助的研发活动与受项目资助的研发活动紧密交叠[①]。

### 3.3.6　日本“三大”特定国立研究开发法人机构

日本科技创新从以经济为导向的“引进＋改良”的“贸易立国”到“技术立国”，技术创新推动了日本经济快速发展。20 世纪 90 年代日本提出以“科学技术创造立国”的战略，更加注重基础研究，更加强调科学和技术的全面互动。在日本科技创新历程中，国家科研机构发挥了关键性作用，2015 年 4 月，日本政府从 31 个国立研究开发法人机构中进一步遴选出理化学研究所、产业技术综合研究所、物质材料研究所三家作为特定国立研究开发法人机构，强化杰出国家战略科技力量的作用，代表日本最高科技水平。

日本理化学研究所是由日本近代“实业之父”涩泽荣于 1917 年创建的自然科学研究机构，隶属于日本文部科学省。2013 年改革成为“独立行政法人”，2015 年转变为“国立研究开发法人”，旨在进一步发挥国家科研机构这

---

① 胡智慧，王建芳，张秋菊，等 . 世界主要国立科研机构管理模式研究［M］. 北京：科学出版社，2016：117–118.

一战略科技力量，满足日本经济社会发展需求。目前日本理化学研究所本部位于埼玉县和光市，另在日本茨城县筑波市等设有分所，共有3400多名员工。作为日本唯一的以基础科学研究为主的综合性研究所，研究领域包括物理、化学、生物学、工学、生命科学、材料科学、信息科学等，主要服务日本国家重大和紧迫战略需求，在战略性优先领域开展任务攻关，建设有重离子加速器、超级计算机、同步辐射加速器等研究设施。日本理化学研究所提出，努力创造出世界上屈指可数的研究成果，为了科学创新和解决全球性问题，吸引全世界最优秀的人才，创造科学，为未来社会作贡献，成为世界闻名的基础研究机构。

日本产业技术综合研究所前身为工业技术研究院，是以应用研究为主的日本最大的国家科研机构，直属于经济产业省，总部设在东京，下设40个左右的研究单元，目前有员工近2万名。日本产业技术综合研究所一方面开展产业技术攻关，其所掌握的技术是日本产业技术的核心和基础，代表日本科技的最高水平，技术成果如超精密的计量仪器、先进的复合材料、纳米级的检测技术、超导计算机等具有世界先进水平；另一方面，建设日本技术基础设施，发展高风险、高强度、跨领域的产业技术和创新亟须的关键技术，推动多学科交叉融合，承担国家技术基础和产业共性技术研究开发与扩散功能。2015年4月，作为日本政府特定国立研究开发法人机构，进一步提升科技创新能力。日本产业技术综合研究所的主要任务是推动日本产业技术的升级，创造战略性新兴产业，以创造的新知识和扩散运用来促进经济社会发展和国民生活水平的提高。

日本国立物质材料研究所前身是1956年在日本东京成立的国立金属材料技术研究所。1966年，日本国立无机材料研究所在日本东京丰岛成立。2001年，日本国立金属材料技术研究所和国立无机材料研究所合并成立国立物质材料研究所，是专门从事金属、有机或无机材料研究的研究机构。目标研究的领域主要是进行材料的合成、表征和应用的研究，同时发展了电子显微镜、高能离子束、强磁场等技术。日本国立物质材料研究所致力于“创造明天的材料研究”，通过纳米技术驱动的材料研究实现可持续社会建设，并努力在碳中和、量子材料等战略领域作出重要贡献。目前拥有 1500 多名研究人员，下设功能材料、能源与环境材料、磁性与自旋电子材料、结构材料等 8 个研究中心。2007 年，国际纳米材料建筑中心成为世界一流的国际研究中心。研究所在材料科学领域的机构引文排名世界第 9，日本第 1。

回望日本三家特定国立研究开发法人机构的恢复与重建、巩固与完善、发展与创新的演变过程，有几条经验值得关注。

一是不断强化国家科研机构的战略性和引领性作用。日本理化学研究所在发展过程中始终作为代表日本科技水平、实现日本科技目标的战略性科技力量。承担的任务多是国家亟须、企业不愿承担或无力承担的项目，大多研究具有周期长、投资多、风险大、多学科融合的特征。作为三个特定国立研究开发法人，日本理化学研究所与产业技术综合研究所、物质材料研究所一起，研究与开发活动直接体现国家意志，开展基础性、前沿性和战略性科技攻关任务。

二是在日本科学技术创造立国中增强基础研究能力。日本贸易立国和技术立国的政策让其经济得到快速发展。但技术发展因缺乏科学支撑而变得不可持续，日本政府开始逐步重视基础研究，加强对科学研究的重视和干预。日本理化学研究所在日本科学发展中发挥了基础性支撑作用。如在 20 世纪 80—90 年代，日本理化学研究所开始对生命科学研究给予极大关注，新建了一批生命科学研究所和研究中心，如脑科学研究所、播磨研究所、筑波研究所等，围绕日本政府提出的国家目标开展生命科学研究领域的研究活动。

三是吸引全球一流的研究人才开展最具创新性的研究。日本理化学研究所从成立开始就重视吸引聚集全球一流的人才，开展战略性、前瞻性基础研究。最早采用的制度是主任研究员制度和科研人员聘任制度，各研究所的负责人是“主任研究员”，实行终身雇佣制，给予人才相对稳定的研究环境，开展萌芽性、基础性研究。研究所与科研人才签订雇佣合同，采用聘任制，相当一部分人才来自国外。一方面，保证人员的流动性，为科研活动提供新鲜血液和思维模式；另一方面，研究所还及时将发现的优秀“任期制”研究人员转为“主任研究员”。为了吸引青年人才和培育一流科学家，研究所启动青年科学家培养制度，分为初级研究助理、基础科学特别研究员和独立主干研究员三类，给予不同的政策支持，促进青年人才开展独创性研究工作。日本理化学研究所还实施了面向国外杰出科学家名誉研究员制度、客座研究员制度和合作培养研究生制度等，以建设国际化的一流人才队伍。

四是大力推动研究融合化、合作网络化和创新国际化。科学研究在学科方面日益融合、合作越来越广泛深入，更加强调全球合作的特征。日本产业技术综合研究所打破学科领域的界限，推动以产业技术攻关为问题导向的多学科交叉研究、技术融合创新，尤其将重点放在从创造新知识到新知识的应用，以适应多样性且变化迅速的社会经济需求。日本产业技术综合研究所注重以产业布局和结构升级为导向的政产学研的网络化合作，建立了战略性、开放性的研究体制，与国内外高校、院所开展联合研究、智力资源共享、聘请大学教授做研究中心主任等，推进了跨学科领域研究，形成了技术高地优势。

## 3.4 国家科研机构的发展展望

当今世界正经历百年未有之大变局，国际局势复杂多变，国家安全迫切需要国防高技术的有力保障，科学前沿不断向宇观拓展、微观深入和极端条件方向加速演进，科技革命和产业革命正在向纵深演化推进。党和国家高度重视科技创新，要求加强原创性、引领性科技攻关，坚决打赢关键核心技术攻坚战，加快实现高水平科技自立自强。这就应发挥国家科研机构建制化、系统化和综合化的优势，强化国家科研机构在重大科学问题解决、关键核心技术突破和经济社会发展支撑中发挥骨干引领作用，提高国家创新整体效能。

### 3.4.1 强化使命定位

使命定位是国家科研机构的立身之本，从国内外典型国家科研机构的经验来看，清晰的国家目标导向的使命定位、问题牵引的科研攻关方式是根本。我国国家科研机构应加强党对科技创新的领导，进一步明确使命定位，以“四个面向”为创新的目标遵循，稳定支持一批前瞻性、基础性和战略性国家科研机构，促进国家科研机构围绕目标要求配置资源要素，发挥其在实现高水平科技自立自强中的骨干引领和带动作用，做出充分体现国家意志、有效满足国家需求、代表国家最高水平的重大科研成果。

### 3.4.2　推进发展改革

科研体制机制与科研范式相一致是科技创新的内在逻辑。国家科研机构应加强顶层设计，做好发展规划，筑牢发展的基础。不断探索体制机制创新，破除阻碍创新发展的制度藩篱，建立现代科研院所治理制度，完善法人治理结构，提升治理整体效能。在课题选择、经费使用、人员配置和奖励制度等方面，充分赋予科研机构自主权，赋予一定程度的“政策特区”，使国家科研机构能够根据迅速变化的科技发展形势和国际竞争形势，灵活配置资源[①]。强化跨学科、跨组织、跨领域的前沿交叉研究，集中资源针对优先发展领域开展建制化攻关。建设多学科交叉融合的协同创新基地，发挥好重大科技平台在保障解决复杂科技问题中的优势。

### 3.4.3　变革组织模式

与科研范式升级相适应，推动组织模式变革。强化战略需求导向和重大目标牵引，建立国家科研机构承担国家重大科技任务的机制，建立相应适宜的研发制度和组织模式。发挥社会主义集中力量办大事的制度优势，强化国家科研机构在重大科技任务“揭榜挂帅”中的牵头组织作用。发挥重大科技基础设施在科技创新中的领先优势，完善目标导向、绩效管理、协同攻关、开放共享的新型运行机制。建立完善重大科技任务联合攻关机制，对国家战

① 樊春良，李哲．国家科研机构在国家战略科技力量中的定位和作用［J］．中国科学院院刊，2022, 37（5）: 642–651.

略与安全类项目以及重大前沿、应用研究项目，应由国家科研机构牵头实施。探索重大科学发现与重大科学装置建设、颠覆性技术突破之间的汇聚融合，推动科学发现与技术发明之间的创造性转化，形成相互支撑、彼此牵引、相互赋能的创新格局。

### 3.4.4 聚集一流人才

人才是国家科研机构的动力源泉，应汇聚培育基于使命定位需要的一流人才队伍。国家科研机构应坚持问题导向和目标牵引，引导人才甘坐基础研究“冷板凳”，勇闯科技创新“无人区”，敢攻科研“硬骨头”，为高质量发展提供系统解决方案，不断提升引领性、战略性优势。发挥人才评价指挥棒作用，完善以创新价值、能力、贡献为导向的人才评价体系。坚持引进一流人才与本土人才加速培养结合的思路，坚持引进人才以发展需要为原则，大力打造一批富有创新、富有活力的人才梯队。通过完善的先进科技基础设施和优良的创新学术环境，培育战略科学家牵头，科技领军人才、工程师等在内的多学科、国际化的人才队伍，不断提升人才队伍的竞争力和创新能力。

### 3.4.5 自主开放融合

面对百年未有之大变局，国家科研机构应加强关键核心攻关，大力开展前沿交叉领域的研究，实现高水平科技自立自强和产业链供应链的自主可控。应加强与研究型大学、科技领军企业的合作，联合承担重大科技任务，开展产业共性关键技术研发，推动开放共享、协同创新。更加注重科学、技术和工程、产业之间的融合与融通，促进不同研究之间、不同创新之间、不同发展方式之间的融汇融通、相互支撑和相互转换。在此基础上，以更加开放包容、互惠共享的创新自信和姿态，开展国际科技合作和深度交流。应保持科学研究始终站在国际前沿，加强交叉融合、非共识、变革性研究，引领未来科技发展方向。

### 3.4.6 建设优良生态

文化是国家科研机构发展的灵魂，是竞争合力形成的凝聚剂。良好的科研生态和创新文化应适应科技创新范式要求，有助于激发和调动科研人员积极性，有利于产出一流的重大科技成果。营造良好的科研生态环境，既来自创新共同体的价值驱动和内在要求，也需要外部的政策、环境的引领。国家科研机构应在一流的科研生态环境建设中发挥引领示范作用。应注重开放融合的非行政的文化情感因素的建设和营造，以先进的科技价值观引导塑造人，以优良的创新文化环境凝聚关心人，促进新体制机制、物质文化、制度文化和精神文化的建设与科学研究事业协同发展，相互促进，消除发展上的各种阻力，形成发展上的内生合力，发挥新体制机制的强大生命力、凝聚力和活力，建设独具国家科研机构特色的创新文化，促进国家科研机构治理体系和治理能力现代化。大力弘扬科学家精神，保障科学家潜心致研，让科研人员静下心来扎根研究，释放原始创新活力和动力。

# 第四章

# 高水平研究型大学

2018年5月，习近平总书记在中国科学院第十九次院士大会、中国工程院第十四次院士大会开幕会上发表重要讲话时强调，"要坚持科技创新和制度创新'双轮驱动'，以问题为导向，以需求为牵引，在实践载体、制度安排、政策保障、环境营造上下功夫，在创新主体、创新基础、创新资源、创新环境等方面持续用力，强化国家战略科技力量，提升国家创新体系整体效能。要优化和强化技术创新体系顶层设计，明确企业、高校、科研院所创新主体在创新链不同环节的功能定位，激发各类主体创新激情和活力"，首次指出了要明确高校在创新主体和强化国家战略科技力量中的定位。2020年9月，习近平总书记在科学家座谈会上发表重要讲话时强调，"要发挥高校在科研中的重要作用，调动各类科研院所的积极性，发挥人才济济、组织有序的优势，形成战略力量。"习近平总书记的重要讲话，对大学的科技创新能力提出了新的要求。大学要努力担负起推动科技创新的历史责任，以高质量的创新成果为建设世界科技强国作出贡献。

## 4.1 高水平研究型大学的职能定位与时代使命

### 4.1.1 大学使命的演变

纵观世界科技发达国家的大学发展之路，大学的使命职责表现出相似的演变路径。11世纪，成立于意大利的博洛尼亚大学是世界上公认的第一所大学，被誉为"世界大学之母"，培养了大批人才；1809年建立的柏林大学（德国洪堡大学）践行一系列新的教育理念，在提倡学术自由、教学与科研相结合的大学理念指导下，德国逐渐探索建立起现代研究型大学制度。同时，洪堡大学的创建者认为，大学的功能不仅在于向学生传授知识，科学研究是大学的根本价值和重要职能所在。[①]20世纪，在知识经济时代背景下，"威斯

① Hüther, O., & Krücken, G. Higher education in Germany: Recent developments in an international perspective［M］. Berlin: Springer, 2018.

康星思想”引导美国威斯康星大学麦迪逊分校投身到区域经济发展与社会进步之中，推动大学科研成果商业化，研究型大学为企业提供科学知识，并输送人才，而企业会反哺大学市场、资金和技术。至此，大学的职能定位从人才培养、科学研究拓展到社会服务。21 世纪，部分高校提出建设“创新型大学”，这一概念是对研究型大学概念的延伸和拓展，使得大学的使命由人才培养、科学研究和社会服务拓展到以创新与领导力教育引领和推动社会发展，大学的职能从被动服务社会发展转变为主动引领社会发展。

从大学的职能定位演变可以看出，大学始终肩负着培养人才、探索研究前沿和服务国家战略的重要作用。从大学自身的发展逻辑来看，大学的优势在于拥有自由的学术氛围，学科跨度大，以培养人才作为根本使命，以自由探索和小团队各自为战为主要形式进行基础研究。相较之下，国家战略科技力量则体现国家意志和国家利益，以“国家意志”为导向，以“引领发展”为目标，面向世界科技前沿领域，从国家战略全局的高度解决事关国家安全、国家发展、国计民生等根本性问题，从整体上提升我国的创新能力、竞争实力与发展潜力。[①] 高水平研究型大学作为高等教育第一方阵“排头兵”，作为科技是第一生产力、人才是第一资源、创新是第一动力的重要结合点，显然是国家科技战略力量的重要组成部分，习近平总书记强调：“高水平研究型大学要把发展科技第一生产力、培养人才第一资源、增强创新第一动力更好结合起来，发挥基础研究深厚、学科交叉融合的优势，成为基础研究的主力军和重大科技突破的生力军。”[②]

### 4.1.2　高水平研究型大学作为国家战略科技力量的时代使命

2020 年 9 月，习近平总书记在科学家座谈会上发表重要讲话时强调，“要发挥高校在科研中的重要作用，调动各类科研院所的积极性，发挥人才济济、组织有序的优势，形成战略力量。”习近平总书记的重要讲话，对大学的

① 陈劲，朱子钦 . 加快推进国家战略科技力量建设［J］. 创新科技，2021,21（01）:1–8.

② 习近平 . 在中国科学院第二十次院士大会、中国工程院第十五次院士大会、中国科协第十次全国代表大会上的讲话［J］. 当代党员，2021（12）:3–7.

科技创新能力提出了新的要求。大学要努力担负起推动科技创新的历史责任，以高质量的创新成果为建设世界科技强国作出贡献。2020 年 10 月，党的十九届五中全会审议通过的《中共中央关于制定国民经济和社会发展第十四个五年规划和二〇三五年远景目标的建议》中指出："强化国家战略科技力量。制定科技强国行动纲要，健全社会主义市场经济条件下新型举国体制，打好关键核心技术攻坚战，提高创新链整体效能。加强基础研究、注重原始创新，优化学科布局和研发布局，推进学科交叉融合，完善共性基础技术供给体系。瞄准人工智能、量子信息、集成电路、生命健康、脑科学、生物育种、空天科技、深地深海等前沿领域，实施一批具有前瞻性、战略性的国家重大科技项目。制定实施战略性科学计划和科学工程，推进科研院所、高校、企业科研力量优化配置和资源共享。推进国家实验室建设，重组国家重点实验室体系。布局建设综合性国家科学中心和区域性创新高地，支持北京、上海、粤港澳大湾区形成国际科技创新中心。构建国家科研论文和科技信息高端交流平台。"这是首次具体从任务、领域、目标和保障体系等方面讲述如何强化国家战略科技力量，并且进一步明确了高校建设和国家战略科技力量之间的关系。2021 年，习近平总书记在两院院士大会、中国科协第十次全国代表大会上的讲话中指出，"国家实验室、国家科研机构、高水平研究型大学、科技领军企业都是国家战略科技力量的重要组成部分，要自觉履行高水平科技自立自强的使命担当"①，进一步明确了高水平研究型大学是国家战略科技力量的战略定位。

### 4.1.3 高水平研究型大学的特点

目前学术界和教育管理部门尚未对高水平研究型大学给出明确的定义和明确的评价体系。研究型大学的突出特点是将科学创新蕴含在教学、科研和人才培养等多个方面，主要体现在高水平研究型大学的四个定位：高水平研

---

① 习近平 . 在中国科学院第二十次院士大会、中国工程院第十五次院士大会、中国科协第十次全国代表大会上的讲话［J］. 当代党员，2021（12）:3–7.

究型大学是建设世界人才高地的重要力量。高水平研究型大学是各行各业人才培养的主要阵地，是创新人才的聚集地，在我国建设世界人才高地方面发挥了重要作用；高水平研究型大学是原始创新高地。高水平研究型大学是推动前沿理论创新的重要场所，着力从基础理论和源头创新上解决关键核心技术问题，开拓新领域、新学科，取得原创性、颠覆性成果；高水平研究型大学是协同创新中心。高水平研究型大学在与科研院所、行业企业、地方政府等开展协作创新活动中，拥有特色和优势学科协同研究优势，可以在关键核心技术自主创新上实现重大突破；高水平研究型大学是创新文化先锋。高水平研究型大学学术传统深厚、学术氛围浓厚，学术思想百家争鸣，是创新活动的沃土和创新文化的摇篮。[①] 南方科技大学党委书记李凤亮在第三届世界一流研究型大学建设论坛上指出，研究型大学主要的特点体现在：一是定位于服务国家重大战略需求和经济社会发展；二是坚持党对高校的全面领导和探索多元化治理体系的治理模式；三是坚持立德树人，构建拔尖创新人才培养模式 ；四是注重全球意识和融通思维的视野融合。[②]

## 4.2　强化高水平研究型大学作为国家战略科技力量的使命担当

立足现代化全局，加强科技创新整体规划，系统布局国家战略科技力量，理顺高校和国家实验室、科研院所、企业在国家战略科技力量中的功能关系，制定在新型国家创新体系下各创新主体的长期规划，实现滚动式、可持续发展。[③④] 秉承面向国家需求和经济发展的目标，围绕关键核心技术研发谋篇布

① 陈劲，杨硕，朱子钦．面向国家战略科技力量的高校创新体系建设研究［J］．科教发展研究，2022，2（1）：70-93.

② 吴永源，沈红．新型研究型大学的理论研究与实践探索——第三届世界一流研究型大学建设论坛综述［J］．高等工程教育研究，2022（02）:198-200.

③ 易高峰．我国高校学术创业政策演化的过程、问题与对策——基于 1985—2016 年高校学术创业政策文本分析［J］．教育发展研究，2017（5）：73.

④ 武力．发挥新型举国体制优势 强化国家战略科技力量［N］．中国纪检监察报，2020-12-24（05）.

局，加强跨部门、跨主体、跨学科进行科研协同攻关能力（如图 4–1 所示），强化提升科技攻坚和应急攻关的体系化能力，构建系统、完备、高效的国家创新体系，激发各类主体创新激情和活力，形成自主创新的强大合力，构建功能互补、深度融合、良性互动、完备高效的协同创新格局。[①] 以高校为核心的政产学研协同创新模式，能够打破高校内外部的体制机制壁垒，增强资源、信息、人才和技术等核心创新要素在各主体间的交流与合作，促使创新要素从分散向聚合状态转变，形成高校、政府、科研院所、企业联合攻关关键核心技术的合力。

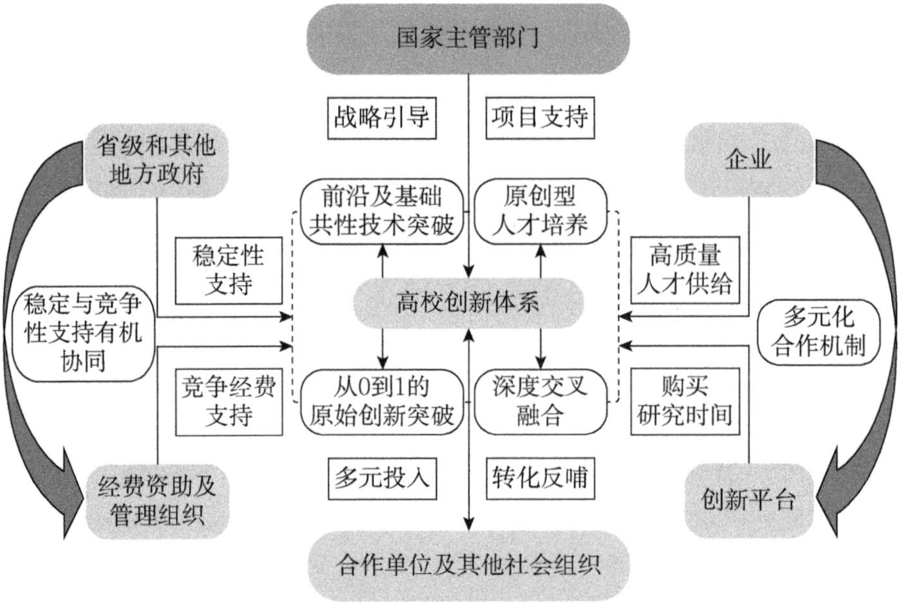


图 4–1　面向国家战略科技力量的高校创新体系构建思路

### 4.2.1　完善高校创新体系的顶层设计

优化学科重点布局，注重战略导向、目标导向、问题导向，加强顶层设

① 王志刚 . 科技部党组传达学习党的十九届五中全会精神 [ EB/OL ] .（2020–11–04）. http://www.most.gov.cn/kjbgz/202011/t20201104_159554.htm.

计的前瞻性和战略性，着眼于提升国家原始创新能力、解决关键核心技术问题、引领世界学术前沿等重大需求，高起点、系统性推动学科发展。在新文科、新工科、新理科的理念指引下完善学科建设体系，推进学科分类分层建设，明确学科调整机制，基于学科优势和发展目标，围绕国家重大需求领域遴选若干个基础前沿重大科学问题和关键技术方向，进行基础学科、交叉学科的相关布局，坚持有所为有所不为，统筹校内外资源，跨学科、跨院系集合精锐力量，有组织地开展创新人才培养。围绕数字经济、生命健康、新材料等战略性新兴和未来产业开展项目研究，抓住产业数字化、数字产业化赋予的机遇，围绕数字经济、生命健康、新材料等战略性新兴产业、未来产业开展研究、应用和推广。

加强学校布局与院系学科规划的衔接，引导院系突出学科方向、重点布局，加大力度推动学科融合与创新发展，引导学术界深刻解读“中国模式”、总结升华“中国经验”、系统提炼“中国理论”，加快推动党的理论和学术理论全面深度融合，推动能够更好服务国家科技战略研究、决策和落实的科技管理学科建设，以全球视野打造科技安全工程学、能源免疫系统、能源神经网络、毛细化模块化供能体系等全新的概念底座，构建符合中国实践需求和人类命运共同体建设需求的科技管理学科和学术理论体系，从根源上解决同西方理论体系的深层次矛盾，稳步提升学科的国际话语权，为深化党领导下的科研组织体制改革提供坚实的学科支撑、理论支撑和人才支撑。

现行管理体制下，我国高校科技智库普遍处于多头管理的状态，科技资源分散、重复配置、利用率低、转化率低等问题仍较为突出，缺少专职的智库研究队伍。构建双循环新发展格局对基于自主创新、协同创新的关键核心技术攻关提出了更高、更紧迫的要求，也为我国进一步加强全国一盘棋高度下的科研规划和统筹部署提供了重要契机和着力点。应大力培养战略科学家和科研规划、科技管理领域的复合型人才，加大政策支持力度，更好地发挥高校学科齐全、立场客观、研究范式灵活、人才济济等优势，鼓励一流高校成立实体化运行的中国特色新型高校科技智库，打造专职智库研究队伍，加快科技规划数字化智能化进程，尽快形成基础研究、应用基础研究和共性技术研究一体化、动态化的国家科学技术图谱，为关键核心技术协同攻关提供精准指引，打破技术专家本位制带来的种种弊端。①

高校科技智库应发挥人才培育、战略引导的关键功能，严格履行专业、利益独立和非营利的高校科技智库职能，适度延长评价周期，落实分类评价机制，让更多的高校智库人才能够安心从事难度大、周期长、风险高的智库研究项目，不断释放人才的创造活力，促进真正解决国家长远战略问题的理论创新和政策建议，避免盲目地迎合国际热点；要积极探索和落实科研成果的跨学科、跨领域互认机制，切实营造促进交叉研究的友好环境，鼓励从战略层面、政策层面到技术层面、系统层面的贯通式研究。

### 4.2.2 强化立德树人的核心使命担当

明确战略性科技人才培养中的战略导向、未来产业导向以及创新协同导向，以科研与教育资源的供给、协同、调整与重组为核心，探索构建战略性科技人才的培养体系。面向国家战略性重大科技攻关任务，积极探索实施“揭榜挂帅”等更开放的选人用人制度，加强有意义的整合式创新思维，瞄准基础研究、底层技术、颠覆性技术和“卡脖子”技术等设定清单目标②，完善战略性科学家的发现与有效识别机制，并建立健全符合这些项目特点和规律的人才与项目评价制度，打破身份、学历、年龄等限制，形成唯才是举的用人机制，让更多的“揭榜挂帅”战略科学家脱颖而出③④⑤。

建立适应原始创新和领域战略性团队攻关的教师队伍制度。高校创新体

---

① 陈劲，朱子钦．建设面向意义的中国特色新型高校科技智库［J］．情报工程，2019，5（5）：7.

② 陈劲，朱子钦．探索以企业为主导的创新发展模式［J］．创新科技，2021，21（5）：3.

③ 陈劲，朱子钦，季与点，等．底线式科技安全治理体系构建研究［J］．科学学研究，2020，38（8）：1347.

④ 陈劲，朱子钦．揭榜挂帅：从理论阐释到实践方案的探索［J］．创新科技，2020，20（4）：2.

⑤ 季冬晓．实行“揭榜挂帅”等制度［N］．光明日报，2020-11-17（02）.

系要面向前沿科技培养学术型人才，面向经济建设主战场和国家重大战略需求输送工程领军人才。完善以符合团队任务为总体目标的科研人员评价机制，规范团队及成员考核程序，形成合理流动机制，建立以科研绩效为基础的收入分配导向机制，完善科研人员的福利保障制度。此外，要坚持立德树人，以国家重大战略、关键领域和社会重大需求为重点，激发学生面向国家战略需求的学术志趣，培养一批国家战略科技人才后备军。

战略科技人才的成长成材，让他们能安心从事难度大、周期长、风险高的国家战略性重大攻关项目和真正解决国家、人民实际需求的原始创新和源头创新，不仅需要科研环境、设施设备“硬”条件支撑，还需要完善评价激励、公平公正的科研“软”环境。要加快完善高校科技管理体制改革、科技战略管理、组织人事管理、科研经费管理、项目计划管理、国家重点实验室考核、产学研协同创新激励、科技资源开放共享、成果转化激励等各方面设计方案。高校需要开展有组织科研，自上而下在宏观战略规划、成果输出转化、产学研结合等方面给予更多的引导，在交叉协作、科研教学条件方面给予更多支持。高校致力于主动服务国家战略，力争自强创新，引领未来，把握科技创新发展新态势、确立科技创新发展新蓝图，为建设世界科技强国贡献高校力量。高校需充分发挥集体优势，突破以个人项目申请为主导的传统资助模式，汇各院系之力有序组织面向国家重点战略需求和关系国计民生的大项目、大设施申请，以分工协助、集体攻关、利益统筹、稳定支持并结合竞争的方式，激励科学家参与高端先导项目研究，聚焦国家重大战略需求。在体制机制探索上，要注重人员聘用灵活流动机制，推动基地和企业之间的科研人员流动，要积极探索和落实科研成果的跨学科、跨领域、跨身份互认机制，切实营造促进交叉研究的友好环境，高校可以通过设立流动岗位、完善奖励制度、提供优质资源、联合开展研究以及建设校企文化等途径来吸引企业优秀人才和团队来高校的国家战略科技创新基地参与科研工作，通过多种激励手段激发科技人才的创新能力和创新热情，提高科研活动的自主性与合作性。

### 4.2.3 加强基础研究与原始创新供给

积极参与和支持能源、农业、信息安全、生命等领域国家实验室建设，支撑国家战略科技力量建设工作。根据学校学科发展需求、国家实验室布局、中央和地方政府相关政策和要求等，积极争取和利用地方资源，积极拓展校外场地、资金、科研、人力等资源，服务于学校学科发展；建立顺畅、共赢的学校与国家实验室关系，建立成熟的人员聘用和知识产权等机制，探索建立配套的校内人员引进机制和国家实验室双聘机制。通过探索构建有组织的科研与自由探索深度协同的基础研究体系、科技自立自强背景下的基础研究人才培养模式、尝试基础学科建设与交叉融合、优化高校与其他基础研究主体的战略组合、树立正确评价导向完善基础研究生态等内容，以有效提升我国高校的基础研究与原始创新能力。

### 4.2.4 加强联合攻关平台与机制建设

加强对国家重点实验室的统筹管理，深化高校科技智库和国家实验室体系的战略合作。基于国家科学技术图谱和科研攻关需求，推进类似功能的科研平台、机构的重组整合。进一步强化国家重点实验室的功能，扩大其在项目管理、经费管理、社会资本运用、人才选聘、团队组建、学生培养、科研设备设施管理、成果转移转化等方面的自主权，聚集资源解决国家重大基础研究和应用基础研究需求，联合开展共性关键技术攻关。同时，明确高校在国家科研攻关体系中的使命定位、加强高校科技智库和科技安全预警监测平台建设、科技自立自强背景下的技术创新和工程科技人才培养、高校参与关键核心技术协同攻关的动力机制与激励机制、加强协同创新与融通创新的制度政策供给、善用“揭榜挂帅”机制激发高校科研人员创新活力。①

① 陈劲，朱子钦. 关键核心技术“卡脖子”问题突破路径研究［J］. 创新科技，2020，20（7）：3.

### 4.2.5　完善科研成果的贯通落地机制

坚持全球视野和开放创新，搭建以高校创新体系为基础的全球顶尖校企合作平台，深度参与中央企业创建世界一流示范企业进程，构建校企战略合作生态体系。推广开展领军企业战略合作计划，重点加强与骨干央企、行业龙头的全面战略合作，结合学科发展特点，与科技领军企业形成持续性战略合作关系，促进新产业及技术领域的前瞻性布局，形成面向科研、人才和市场的生态合作链。建成若干以行业基础前沿研究、关键核心技术联合攻关、成果贯通落地为导向的创新联合体。鼓励将产业前沿需求作为校企联合研究机构研究选题的重要来源，促进一批有重大影响力的校企合作成果产生，提升高校创新体系对关键行业企业技术创新的影响力。

# 第五章

# 科技领军企业

企业是国家创新系统的核心主体，科技领军企业更是我国全面提升国家创新体系效能的先锋队、参与国际科技竞争和掌握国际科技创新话语权的代表者。针对我国国家创新体系建设面临的原始创新能力不强、创新体系整体效能不高、科技资源整合不够、科技创新力量布局有待优化、科技投入产出效益较低、科技人才队伍结构有待优化、科技评价体系还不适应科技发展要求、科技生态需要进一步完善等系列问题，习近平总书记在2021年5月28日两院院士大会、中国科协第十次全国代表大会上发言时强调，要“强化国家战略科技力量，提升国家创新体系整体效能”，并指出“国家实验室、国家科研机构、高水平研究型大学、科技领军企业都是国家战略科技力量的重要组成部分，要自觉履行高水平科技自立自强的使命担当”。这为深入理解科技领军企业的定义、内涵、定位与核心特征指明了新方向，更对新发展阶段通过制度和政策体系创新，加快培育一大批敢当、能当高水平科技自立自强使命的科技领军企业提出了新要求。

然而，虽然现有研究初步探讨了创新型企业、世界级企业、世界一流企业等概念、评价指标和发展路径，但对高水平科技自立自强和强化国家战略科技力量视角下科技领军企业的定义、核心特征、分类评价和促进路径的研究尚属空白。尤其是强化国家战略科技力量视角下，科技领军企业显著不同于以往的创新型企业或世界一流企业，其综合竞争力不再是传统的依靠商业模式或运营优化而打造，而是以高强度的硬科技投入和硬科技产出，尤其是以原始性创新和引领性创新为核心特征和竞争优势来源的企业，更是能够有效整合产业链和创新链资源、面向国家科技自立自强使命、带动全产业链创新升级以及国家创新体系效能提升并代表国家参与国际科技竞争的领军企业。

在此背景下，需要系统探究科技领军企业的定义、核心特征与分类评价思路，建设和完善作为国家战略科技力量的科技领军企业评价体系，进而加快培育一大批敢当、能当科技自立自强使命任务的科技领军企业，加快推动高水平科技自立自强和建设面向未来的世界科技强国。

## ➲ 5.1　科技领军企业的定义、定位与核心特征

### 5.1.1　科技领军企业的定义与核心特征

科技领军企业是指具有明确的科技创新愿景使命和科技创新战略及完善的组织体系，科技创新投入水平高，在关键共性技术、前沿引领技术和颠覆性技术方面取得明显优势，能够引领和带动产业链上下游企业，有效组织产学研力量实现融通创新发展，并在产业标准、发明专利、自主品牌等方面居于同行业国际领先地位的创新型企业。

其中，具有明确的科技创新愿景和使命，并同国家高水平科技自立自强使命有效整合，是科技领军企业显著区别于一般的创新型企业和科技型企业的关键特征。愿景是领导者的经营哲学、企业价值观和发展使命的集中体现，其不单是组织的精神动力，也是组织可持续发展的保障，更能够服务于组织经营，进而持续提升组织绩效。一系列的研究表明，伟大的组织能够实现基业长青，最主要的条件并非结构或管理技能，而是超越经济目标的信念驱动。中国的科技领军企业不但肩负着探索和拓展企业创新体系、实现科技领先、造福产业和社会发展的使命，更需要积极主动担负起建设世界科技强国和实现高水平科技自立自强、保障国家产业和经济安全的政治担当和社会使命，这也是中国企业家精神的底色所在。

明确的科技创新战略及完善的组织体系是科技领军企业得以持续发展的基石。根据对 BCG 全球最具创新力企业榜单的统计，自 2005 年以来每年都能进入到前 50 强榜单中的企业仅有 8 家，仅有 12% 的企业连续入榜 10 次以上，包括 Alphabet/Google、Amazon、Apple、HP、IBM、Microsoft、Samsung 和 Toyota 等 20 家企业。可见，企业若要做到稳定的持续创新是异常艰难的。然而，在快速变化的外部环境及日趋激烈的竞争环境下，连续性创新能力对于打造科技领军企业来说又是必不可少的。只有对创新不断探索才能使企业在变动的外部环境中有着持续的竞争优势。对此，企业能否构建强大的创新体系，即

是否具有明确的科技创新战略及完善的组织体系，以实现对技术创新的有效管理，是确保科技领军企业持续发展的基石。纵观微软、苹果、IBM、BASF、西门子、3M、航天科技、航天科工、中车、国家电网、中集、华为等国内外科技领先的企业，不但能够通过明确的科技创新战略和完善高效的组织管理体系实现核心技术的积累与重大突破，更能够通过对时代需要、产业技术前沿变革趋势和国家战略方向的前瞻性洞察，及时调整创新战略、更新组织文化和架构，实现持续的科技创新能力跃迁，持续引领产业技术创新和竞争能力提升。

高强度的科技创新投入是科技领军企业实现技术引领的保障。创新作为一项长周期、高投入、高不确定性和复杂性的创造性活动，不但需要伟大的愿景使命、明确的科技创新战略和完善的组织体系，更需要持续高强度的资源投入，尤其是在技术经济范式加速跃迁、市场竞争白热化、全球创新环境复杂化的数字经济时代，高强度的科技创新投入是实现关键核心技术"卡脖子"问题突破、打造企业动态核心能力和推进颠覆性创新并引领技术前沿、掌握未来技术主动权的根本保障，也是科技领军企业跨越"创新陷阱"和技术成果产业化的"达尔文之海"，实现技术与市场互为促进、创造持续技术引领优势的底气所在。根据2020年欧盟发布的产业研发投资排行榜，以Alphabet、Apple、HP、IBM、Microsoft等为代表的17家公认的科技领军企业无一例外都有着高强度的研发投入比例。17家企业的平均研发投入为696.6亿元，研发强度为8.4%。其中，Alphabet以1857亿元占据榜首，研发投入比例达到16.1%，对比我国，华为、百度、中车等企业近些年发展迅猛，技术创新能力突出，已经具备较强的自主创新能力和国际竞争力，包括华为、阿里巴巴、中车等10家企业在内的研发投入均值为328亿元，与世界科技领军企业研发投入均值的半数仍有差距。其中，仅有华为以1340亿元人民币的研发投入总额超过世界科技领军企业的均值。然而，这也并不意味着一味地强行要求企业提高研发投入。企业仍应当注重研发投入结构的优化问题，并能够通过战略创新和企业创新体系的优化，实现高强度研发投入与高水平创新成效和创新成果市场化。

关键核心技术领域的科技创新引领性优势以及在产业发展中的引领作用是科技领军企业的必备特征。科技领军企业不但要在所处行业和技术领域实现持续的重大原始性创新突破，还需要灵活的创新体系来保障持续的技术跃迁，保持自身的科技创新引领性优势。此外，更加重要的是，科技领军企业不能够止步于自身强大和科技领先，还要能够作为产业链的“链主”，主动承担起引领产业创新水平不断提升、带动所在行业“集体出海”共同参与全球价值链竞争的责任，为中国企业“走出去”和参与全球竞争提供技术链、产业链和价值链的协同、集成和赋能支持，尤其是通过重大应用场景、重大科技专项和参与共建重大科学基础设施来牵引完善创新链、激活各类创新要素，并为“专精特新”的产业链内中小创新型企业提供重要的新技术、新产品、新方案，为其跨越“首台套”的创新鸿沟提供应用场景和产业化平台，进而带动中国企业集群式崛起，为制造强国和科技强国建设提供由点到线及面的系统性支撑。

在产业标准、发明专利、自主品牌等方面居于同行业国际领先地位是科技领军企业从“大”到“强”再到“久”的重要创新绩效跃迁。放眼全球，世界领先的科技创新企业不但是市场占有率高、销售和营收绩效好、市值规模大的企业，更是在高质量发明专利、产业标准和自主品牌等方面显著超越同行业、同领域、同时代的其他企业。高水平科技自立自强视角下的科技领军企业，不但要在科技创新方面具备研发投入规模、市场表现、科技成果等“大”的特征，更要有研发投入密度高、高质量发明专利多、产业创新话语权大等“强”的表现，还需要拥有深度参与国家科技创新标准体系制定、培育系列自主创新品牌和输出中国特色科技创新管理模式等“久”的影响力。科技领军企业作为国家战略科技力量和新型国家创新体系的重要和主导性创新主体，需要在科技创新成效方面兼具雄厚的创新规模、良好的创新效益、优化的创新布局和持续引领国家科技创新、促进世界科技进步的能力和潜力。

### 5.1.2 科技领军企业的定位

被誉为“创新的先知”的熊彼特在其经典著作《经济发展理论》中指出，伟大的企业和企业家是时代的产物，也是推动时代转型与社会进步的中坚力量。创新是国家和民族进步的核心驱动力，更是科技领军企业立身之本、使命承担之源。科技原创能力和引领能力是科技领军企业进一步实现效率、效益和品质领先，持续引领国内外资源配置、创新链整合、行业技术创新、全球产业发展和推动社会进步的根基所在。

我国要实现全面建成社会主义现代化强国的目标，跻身创新型国家前列，需要有一批技术创新能力突出、整合创新能力强、具备国际竞争力的科技领军企业，需要其充分发挥在提升企业技术创新能力、强化国家战略科技力量、引领带动产业发展、增强我国产业国际竞争力中的重要作用，为我国建设科技强国提供有力支撑。

习近平总书记在2021年两院院士大会、中国科协第十次全国代表大会上的讲话中指出，“科技领军企业要发挥市场需求、集成创新、组织平台的优势，打通从科技强到企业强、产业强、经济强的通道。要以企业牵头，整合集聚创新资源，形成跨领域、大协作、高强度的创新基地，开展产业共性关键技术研发、科技成果转化及产业化、科技资源共享服务，推动重点领域项目、基地、人才、资金一体化配置，提升我国产业基础能力和产业链现代化水平。”这一讲话指明了科技领军企业在创新中的主导性、平台性和牵引性定位和功能作用。

在强化国家战略科技力量、加快实现高水平科技自立自强的视野下，发挥科技领军企业创新资源优势，可以进一步增强我国产业的自主创新能力及核心竞争力，打造原创技术策源地，履行作为国家战略科技力量实现高水平科技自立自强的使命担当，充分发挥企业“出题者”的作用，构建以企业为中心，高校、科研院所围绕企业创新开展科研活动，以企业为主导推动创新发展的新模式。发挥科技领军企业在产业链融通创新中的引领作用，牵头组织各类创新主体实现融通创新，加快突破产业共性技术、关键核心技术、“卡脖子”技术，保障产业链安全，提升供应链水平，特别是带动科技型中小企业走科技创新发展道路，共同促进传统产业升级、探索前沿科技、发展未来产业、抢占全球未来产业制高点、掌握产业发展主动权。

概言之，国家战略科技力量视域下的科技领军企业，是“国家”的科技领军企业，是超越一般意义上的龙头企业、“链主”企业和“隐形冠军”的企业，是以关键核心技术、颠覆性技术、未来产业技术等技术创新为核心推进全面整合式创新的企业，是立足中国、面向全球深度参与国家战略科技领域竞争的世界级企业，更是有意愿、有能力和有实力持续引领科技创新、持续提升产业和国家创新体系效能的世界一流企业。

## 5.2　科技领军企业的分类与评价思路要点

### 5.2.1　科技领军企业的分类思路

在对科技领军企业开展分类评价和培育的过程中，要统筹“四个面向”“五大领域”“两类需求”和“两个能力”。

第一，要瞄准“四个面向”进行分类评价和培育。坚持面向世界科技前沿、面向经济主战场、面向国家重大需求、面向人民生命健康，不断向科学技术广度和深度进军。

第二，要聚焦五大技术领域。科技领军企业参与科技强国建设和国际科技竞争，需要聚焦党的十九大、十九届五中全会提出的关键共性技术、前沿引领技术、现代工程技术、颠覆性技术四类技术领域，以及习近平总书记在两院院士大会讲话上提出的未来产业技术，共五类技术领域，打基础、补短板，强能力、抢先机。

第三，“两类需求”是从战略性和关键性需求出发。一类是国家战略支柱型产业所迫切需要和长远需求的，包括石油天然气、基础原材料、高端芯片、工业软件、农作物种子、科学试验仪器设备、化学制剂等方面的关键核心技术，亟须科技领军企业牵头，协同高校院所和各类主体全力攻坚，加快突破一批药品、医疗器械、医用设备、疫苗等领域关键核心技术。另一类是事关发展全局和国家安全的基础核心的前沿与未来技术领域，包括人工智能、量子信息、集成电路、先进制造、生命健康、脑科学、生物育种、空天科技、深地深海等前沿领域，以及需要瞄准未来科技和产业发展的制高点，前瞻部署一批战略性、储备性技术研发项目的领域。

第四，“两个能力”分别是当下承担国家科技自立自强使命责任和国家重大战略任务的科技领先硬实力，以及不断引领产业科技创新突破与跃迁、带动培育更多科技领军企业“预备队”的引领性能力。进入新发展阶段，我国科技创新战略正在从追赶型迈向引领型，科技创新路径也正在从点的突破到线的跃升和系统性突破。而科技领军企业正是实现创新引领型发展和国家创新体系系统性突破的基础性主体，必须超越一般意义上的产业龙头企业或产业链“链主”企业的概念，在打造自身的科技创新领先能力的同时，进一步强化和发挥对推动产业链创新链融合、加速带动产业链整体创新水平提升的引领能力。“打铁还需自身硬”，科技创新的领先性侧重科技领军企业作为具体科技领域或产业领域的市场化创新主体所必须打造的科技创新硬实力，也是承担国家使命的“底气”所在；科技创新的引领能力则侧重科技领军企业作为国家战略科技力量，对整合创新链、促进产业链价值链融合、全球竞争力提升的牵引与带动能力，尤其是通过整合创新资源、联合高水平研究型大学等其他国家战略科技力量打造高能级创新联合体、推动创新链和产业链深度融合的能力。前者侧重“领先性”，后者侧重“引领性”，两个能力有机协同和整合，才能担起“领军”的旗帜性角色。

### 5.2.2 科技领军企业评价的思路要点

一是坚持以国家使命为先导。强化国家战略科技力量视角下的科技领军企业，不再是单纯以市场化的方式和为经济效益驱动而开展创新活动，而是站在国家政治使命的高度，自觉承担国家高水平科技自立自强的使命和战略任务，持续高强度地投入科技创新、优化创新模式和提升科技创新成效，实现面向科技自立自强使命承担的“使命意愿（Mission）– 履责能力（Capability）– 引领成效（Performance），M–C–P”三位一体，进而协同其他国家战略科技力量，全面建设新型国家创新体系，支撑国家创新体系效能整体提升和科技强国建设战略目标实现。因此，要从是否愿意主动承担国家高水平科技自立自强的使命，并主动强化自身的科技创新领先能力、增强产业链创新引领能力，实现持续的关键核心技术、产业共性技术突破与卓越创新成效等多个维度综合评价和培育科技领军企业。

二是科技创新项目组织从经济利润驱动的自由探索和追赶模式，转向以国家重大需求为导向的有组织的研发模式。科技自立自强视角下的国家战略科技力量致力于从国家战略全局的高度出发，通过大跨度、纵深的有组织的研发模式，整合创新资源、多元创新主体和环境要素，解决事关国家科技安全、产业安全和国家发展、国计民生等根本性和重大问题，而不仅仅局限于某个区域和某一科技项目。有组织的科研和企业技术创新模式要求企业面向国家重大需求和经济社会主战场，超越传统的单一自由探索式基础研究模式和纯粹的市场利润导向的工程技术与应用研究模式，转变为使命牵引、问题和重点需求相结合的综合导向。

三是兼具强大的自主创新能力和产业发展引领能力的“双核”优势。科技领军企业作为新发展阶段国家战略科技的中坚力量，首先是“打铁还需自身硬”，需要在产业关键共性技术、前沿技术和颠覆性技术方面具有领先能力，能够在产业技术自主创新能力、联合攻关能力、应急科技保障能力、国际科技竞争能力等一个或多个方面，代表国家在某一产业或技术领域的最高水平；其次是能够“团结一致共奋进”，通过集成创新和整合创新资源，在支撑平台建设、构建产业生态、带动产业发展等方面发挥引领及辐射带动作用，提高产业安全可控程度，提升产业链现代化水平。

四是要坚持评价的梯度性、动态性和分级分类公开性。动态性是指分阶段以评促建，建立梯度和退出机制。同时，需要做到评价指标的公开透明和公平性原则，但同时，“国之利器不可轻易示人”，考虑到中美竞争的激烈程度和科技领军企业参与国际市场竞争所需要的国际性支持，对于前沿技术和未来技术相关的、公布后可能会引起国际围堵的科技领军企业或“预备队”，则要采取分类分级的公开或有选择的公开。

## ➲ 5.3 培育科技领军企业的对策思路

### 5.3.1 进一步强化企业创新主体地位和科技领军企业创新主导地位

要立足长远，坚持科技是第一生产力、创新是引领发展的第一动力，将坚持创新在现代化建设全局中核心地位和坚持企业创新主体地位统一在高水平科技自立自强的国家战略目标中，进一步突出科技领军企业的创新主导性地位。面向“十四五”乃至2035年，我国要实现全面建成社会主义现代化强国的目标，跻身创新型国家前列，需要培育或支持一批核心技术能力突出、集成创新能力强、国际科技竞争话语权大的科技领军企业，把科技的力量转化为经济和产业竞争优势，为新发展阶段塑造发展新优势、实现高水平科技自立自强提供有力支撑，更为我国2050年建成世界科技强国、成为世界科学中心和创新高地的远景战略目标提供持续的强有力支撑。

### 5.3.2 培育标杆领军企业，支持科技领军企业开展创新改革先行先试

要深化认识、树立标杆意识，以标杆带动先行先试和系统优化。正如张赤东等学者指出的，树立科技领军企业客观、通用、公开和动态的评估标杆（树标杆），设立专项科技政策、专项基金和人才政策，鼓励并支持更多的创新型企业达到标杆而成为科技领军企业（上标杆），同时鼓励并支持已上标杆的企业能继续保持并适当提高对标能力（保标杆），从而实现我国科技领军企业持续涌现并不断成长，进而壮大成为科技领军企业梯队和集群，在越来越多的重要产业中发挥创新主导、引领发展的重要作用。在树立标杆意识的

基础上，要充分发挥标杆价值，引领带动有组织的科研探索和科技创新模式的先行先试。一是要组建由科技领军企业牵头、多元主体协同参与的大创新团队，平衡好短期功利目标、长期科学目标与市场竞争优势获取的关系，实现从基础研究、原始性创新突破到产业化应用和价值实现，再到反馈带动基础研究突破的“创新闭环”和加速创新；二是要大胆探索科技创新的新型组织模式，以科技领军企业和创新型中央企业为科技创新先行先试示范区，改革重大科技项目立项、攻关和组织管理模式，深入推进实施“揭榜挂帅”“赛马”等制度，切实做到“创新不问出身，英雄不论出处”，激活全社会、全员和全要素参与实现科技自立自强的活力和创造力。

### 5.3.3　有为政府与有效市场相结合，分类培育支持科技领军企业

要发挥新型举国体制的优势，以体系性和整体性思想，前瞻性、系统性地科学布局和有组织地培育。中央和地方政府各部门要充分发挥国家作为重大科技创新组织者、引导者的作用，通过支持周期长、风险大、难度高、前景好的战略性科学计划和科学工程，重点抓系统布局、系统组织、跨界集成，把政府、市场、社会等各方面创新力量拧成一股绳，鼓励支持以科技领军企业为龙头的产业链布局和创新链完善，为科技领军企业全面提升科技创新策源能力、创新牵引能力和国际科技竞争话语权提供制度性支持、重大科学源头支持和前沿不确定性技术的早期重大应用场景支持，形成未来的整体性优势。而在竞争性领域、具体资源分配和创新协同过程以及非科技主导型的创新领域（如商业模式主导型创新），则应该充分发挥市场在资源配置中的决定性作用，通过市场需求引导创新资源有效配置和创新收益分配的激励相容，形成推进科技创新的强大合力。

### 5.3.4　支持科技领军企业牵头建设高能级创新联合体

要着重推动科技领军企业牵头整合集聚创新资源，打造由科技领军企业牵头、高校院所支撑、多元主体高效协同的高能级创新联合体。构建跨领域、

大协作、高强度的创新基地，提升产业共性关键技术研发、科技成果转化及产业化商业化、科技资源共享服务能力，在加速提高我国产业基础能力和产业链供应链安全稳定上发挥更大作用。尤其是要引导和支持科技领军企业推进跨行业、跨领域的关键共性技术开发和资源整合，从而与国家实验室、高水平研究型大学、国家科研机构和区域综合性国家科学中心等战略科技力量形成有效整合，联合实现关键零部件、高端材料和高端软件与行业应用生态等方面的突破和持续创新，带动所在产业创新能力的持续升级与跃迁，并通过知识溢出和市场化的成果转化应用机制，带动技术相关产业的产业链创新能力提升与创新竞争力的跃迁。

### 5.3.5 探索推进企业主导型的科技创新模式

要鼓励科技领军企业牵头探索企业主导型的科技创新模式。由科技领军企业牵头，高校院所支撑、各创新主体相互协同，打造促进重大原始性创新和产业核心技术、未来技术持续突破的高能级创新联合体，发展高效、强大的共性技术供给体系。尤其是要着重提高科技领军企业在技术创新体系中的主体地位和主导作用，发挥企业“出题者”作用，构建以企业为中心，高校、科研院所围绕企业开展科研活动，以企业为主导推动创新发展的新模式，促进科技领军企业成为重大科技方向的提出者和科技成果的应用者，引导高校院所围绕企业和产业创新面临的重大和关键共性问题提出科学研究问题，构建和推进有组织的科研体系与成果转化生态系统建设。在此基础上，加快提升国企，尤其是中央企业的创新活力、创新效率和创新质量，充分发挥创新型领军企业和科技型中小企业的创新生力军作用，培育一大批敢当、能当高水平科技自立自强使命的科技领军企业“预备队”，牵引形成国有企业和民营企业共生共创，大企业与中小企业高效协同发展的新生态，提高科技成果转移转化成效，为建设面向未来的科技创新强国、实现高水平科技自立自强和参与全球科技竞争与治理提供持久的动力源。

### 5.3.6　激发央企创新活力，强化国有企业核心使命担当

要充分激活和进一步发挥中央企业等国有企业在培育科技领军企业中的优势作用和核心使命担当。国有企业，特别是中央企业大多处于事关国家安全和国民经济命脉的关键行业和重要领域，同时肩负着推进科技自立自强、振兴实体经济和履行国家政治使命的多重责任，是党和国家事业发展的重要政治基础、物质基础和系统支撑。中央和各级政府以及国有企业的主要负责人需要紧紧抓住科技创新这一核心动力，全面强化党对国有企业的领导效能，加快推进国有经济结构调整和布局优化，坚定不移推进国有企业的优化重组工作，使之切实承担起高水平科技自立自强的使命和战略任务；以创新型中央企业和龙头国企为基础，联合一流研究型高校院所打造面向关键核心技术、未来前沿技术和颠覆性技术的创新平台和高水平创新联合体，为实现大中小企业、国有和民营企业融通创新提供持续的平台和应用场景支撑，并全面提高科技成果转移转化成效，为持续推进战略高技术领域突破和高端产业、未来产业创新竞争力提升提供高效、强大的平台支撑；瞄准事关国家科技安全和经济安全的关键必争领域培育一批科技领军企业，加快突破“卡脖子”问题的同时，在未来世界科技竞争中积极占先和“卡位”，赢得主动权，塑造更多先发优势。

# 第六章

# 区域科技创新高地

党的十九大以来，在加快构建以国内大循环为主体、国内国际双循环相互促进的新发展格局的战略背景下，我国加快调整区域科技创新布局。2021年5月，习近平总书记在中国科学院第二十次院士大会、中国工程院第十五次院士大会、中国科协第十次全国代表大会上的讲话中指出，各地区要立足自身优势，结合产业发展需求，科学合理布局科技创新，要支持有条件的地方建设综合性国家科学中心或区域科技创新中心，使之成为世界科学前沿领域和新兴产业技术创新、全球科技创新要素的汇聚地。

科学发展的研究表明，如果某个国家的科学成果数占同期世界总数的25%以上，这个国家就可以被称为“世界科学中心”。从16世纪的意大利到20世纪的美国，“世界科学中心”先后进行了四次大的转移，这一现象也叫“汤浅现象”，是由日本科学史学者汤浅光朝在1962年提出的。他在对《科学技术编年表》里记录的科学成果和《韦伯斯特人物传记》里编选的有代表性的科学家进行统计处理和研究之后，发现近现代历史上科学活动中心是按以下顺序转移的：意大利（1540—1610年）、英国（1660—1730年）、法国（1770—1830年）、德国（1810—1920年）、美国（1920年至今）。而各国科学活动的鼎盛期大约80年。汤浅光朝的预测曾引起当时世界各国的政界、经济界和科技界人士的重点关注。这意味着，要成为“世界科学中心”，必须有若干个能够引领全球科技创新风向标、原始创新策源地、具有全球影响力的“国际科技创新中心”“综合性国家科学中心”“区域科技创新中心”。

## 6.1 创新高地建设和区域创新布局的理论基础

加快构建新发展格局，实施区域重大战略和区域协调发展战略，需要统筹推进国际科技创新中心、综合性国家科学中心或区域科技创新中心建设。其中，区域科技创新中心是国家科技领域竞争的重要平台，是国家创新体系建设的基础平台。建设区域科技创新中心，有助于聚集世界一流科学家，突破一批重大科学难题和前沿科技“瓶颈”，提升中国科技创新整体效能。国家创新系统[①]、创新集群[②]、创新地理学等领域的研究，为区域科技创新中心布局的研究提供了理论基础。

### 6.1.1　国家创新系统理论对区域创新布局的研究

国家创新体系是以政府为主导、充分发挥市场配置资源的基础性作用、各类科技创新主体紧密联系和有效互动的社会系统。国家创新体系研究的渊源，可以追溯到19世纪德国学者Friedrich List对国家政治经济发展问题的研究。英国的科技经济学家Christopher Freeman根据日本发展产业的经验正式提出了国家创新体系的理念，强调了政府对技术创新的有效干预。随后丹麦学者Bengt Ake Lundvall 提出了基于科技与教育结合的国家创新体系理念，积极开发面向学习型经济的国家创新体系。美国学者Henry Etzkowitz的"三螺旋"理论，将建设国家创新体系的重点放在培育创业型大学方面，并进一步重视高等院校对创新的积极贡献。经济合作与发展组织（OECD）认为"国家创新体系可以被定义为由公共部门和私营部门的各种机构组成的网络，这些机构的活动和相互作用决定了一个国家扩散知识和技术的能力，并影响国家的创新表现"。我国学术界在2003年左右对国家创新体系开展深入研究，并迅速得到国家科技决策和管理部门的高度重视。2006年，《国家中长期科学和技术发展规划纲要（2006—2020年）》指出：全面推进中国特色国家创新体系建设。区域创新体系是国家创新体系的重要组成部分。要积极发挥各区域科技创新平台的建设作用，形成支撑科技强国的多个区域创新体系。要进一步开发具有整合效应的区域创新体系，突出区域创新体系的战略协同。以长三角为例，要积极建设以上海为中心的苏、浙、皖协同的超大城市群区域创新体系。重视乡村创新系统研究和建设，通过建设乡村创新系统，实现城市和乡村创新系统的联动发展，推动城乡融合发展、区域协调发展，形成区域内和跨区域的整

① Edward A K.Strategic power and national security［J］.Scientific journal of Silesian university of technology，1972，34（4）:1298-1300.

② Anthony H C.Deterrence in the 1980s: part I American strategic forces and extended deterrence: introduction［J］.Adelphi series，1982，22（175）: 1-2.

合式创新发展，落实美丽中国、精准扶贫方略和可持续创新的战略目标。

### 6.1.2 创新集群理论对区域创新布局的研究

从世界范围来看，大力培育创新集群已成为世界各国转变经济增长方式，抢占下一轮科技与经济制高点的重要抓手。创新集群起源于国家创新系统理论的研究，是对国家创新系统的具体化，是由一系列创新型企业、高校和科研机构、创新中介服务机构所组成的技术经济网络，网络内部创新主体拥有互补的竞争优势，通过产品链或价值链相互连接。① 创新集群具有以下几个方面的特征。一是创新集群是区域科技创新中心的物理形态和空间载体。要成为一个有影响的区域科技创新中心，必须有数量若干、功能各异的创新集群。高科技企业、高校、科研机构既是创新集群内的创新主体，也是区域科技创新中心的创新主体。硅谷的发展与壮大与斯坦福大学休戚相关，马萨诸塞州与麻省理工学院也建立了密切的创新合作关系。正是由于斯坦福大学与麻省理工学院科技人员的自主创业激情，充分发挥了世界顶级高校的知识创造能力，将一大批科技成果迅速转化为高科技产品，推动了硅谷和马萨诸塞州创新集群的持续快速发展。二是创新集群是产业集群发展的高级形式，强调技术集聚化、价值高端化和创新开放化。创新集群强调技术研发与成果商业化的动态循环。创新集群不仅仅突出技术研发的重要性，还重视技术成果的商业化，通过成果商业化推动技术创新，同时技术创新又进一步提升创新成果的商业化水平。我国政府顺应科技革命的浪潮，大力发展以高新技术为主导的创新集群，打造了一批具有影响力的高新技术园区，其中北京中关村、上海张江最为典型，取得了显著的优势，具有强大的国际影响力。三是创新集群强调集群内部主体间的高强度的交互作用。为了推动集群内创新成果的快速涌现，创新集群内部必然伴随着高度的知识交流和知识分享行为，而这些必须是以创新主体间的高度交互为前提的，通过创新主体间的竞争、合作、

① 王垂仍. 美国对苏联军事力量的估计和里根的战略力量现代化计划 [J]. 国际问题资料，1982 (05): 2–7.

协调等交互行为，推动创新集群内部知识创新的快速发展。创新集群除了关注建设传统的“官、产、学、研”一体化体系外，还非常重视对创新中介和创新服务机构（知识产权机构、风险投资机构、技术交易机构等）的建设，以及对创新环境的营造，如加快行政审批程序、建立舒适的工作和教育环境、加强地区法治建设。[①]

### 6.1.3　创新地理学对区域创新布局的研究

创新地理学主要研究区域创新的功能定位及人才、设施、基地、项目、资本、技术、知识、信息等创新要素的空间分布。1994年弗里德曼提出了创新地理学，这标志着创新地理研究进入学科发展研究的新阶段。综观创新地理学关于创新区域布局的有关成果，其主要研究观点有三方面。第一，在城市和城市群内创新要素的区域分布及区域组合状态，如：科研机构、研究型大学、创新型企业的空间分布及其对空间创新的格局的影响；大科学装置等科学基础设施的区域分布及集群效应；科技人才的集聚与区域创新高地建设；区域技术分布格局、技术空间扩散与转移；区域资本的来源、途径及对区域创新的作用；城市和城市群作为各种创新要素的集聚地，研究城市创新资源的分布、城市创新生态系统。第二，区域创新要素的组合模式与城市创新功能定位。在各区域处于不同的创新价值链（the Innovation Value Chain，IVC）发展阶段时，如原始创新阶段、成果转化阶段和创意扩散阶段，需要不同的创新资源导入和组合。从创新价值链视角，区域创新要素的组合状态可以是基础研究与原始创新的横向组合，也可以是从基础研究、到转移转化、再到生产制造的纵向组合，这两种组合形成不同的城市创新功能定位和区域创新生态体系。第三，创新空间布局的研究，特别是创新基础设施的R&D投入、科学实验设施的区域分布及区域效应是创新地理学研究的重要问题[②]。创新空间布局的研究一般从经济、社会、文化、制度等因素出发，围绕知识的生产、分配、交换

① 刘振凯．苏联海军的战略力量［J］．国外导弹与宇航，1984（11）：10–17.

② 尹西明，陈劲，贾宝余．高水平科技自立自强视角下国家战略科技力量的突出特征与强化路径［J］．中国科技论坛，2021，2（9）：1–9.

和消费进行全方位系统研究，对知识、信息、人才等的地区结构、空间扩散与迁移机制、规律进行研究，为与创新相关活动的地域空间格局优化服务。[①]

## 6.2 国际科技创新中心

作为国家战略科技力量的重要承载区和综合科技实力的集中体现，国际科技创新中心在全球创新网络中起着支配作用，并占据了核心地位。一般而言，一个国际科技创新中心必须拥有若干高水平大学和一流科研机构，能够承担重大科研任务、完善学科布局、推进国家重点实验室等创新基地的培育与建设，涌现出引领全球创新的高水平研究成果。加强国际科技创新中心建设是聚集创新要素、提升创新效率、实现经济高质量发展、引领全球创新发展的有效途径。历史上，意大利的佛罗伦萨和威尼斯，英国的伦敦，法国的里昂和巴黎，德国的慕尼黑、法兰克福和柏林，美国的纽约、旧金山和硅谷，都是久负盛名的国际科技创新中心。近年来，以纽约、伦敦、东京、新加坡和首尔为代表的许多城市都致力于打造具有全球影响力的科技创新中心并取得了长足的进展。

2021 年 9 月 25 日，清华大学产业发展与环境治理研究中心联合自然科研（Nature Research），发布《国际科技创新中心指数（Global Innovation Hubs Index, GIHI）2021》报告，跟踪全球 50 个城市（都市圈）的创新表现，监测国际科技创新中心的发展动态。该报告从科学中心、创新高地、创新生态三个维度来综合评估国际科技创新中心指数。其中，综合排名前 20 的城市（都市圈）依次为：旧金山—圣何塞、纽约、伦敦、北京、波士顿、东京、粤港澳大湾区、巴黎、西雅图—塔科马—贝尔维尤、巴尔的摩—华盛顿、慕尼黑、洛杉矶—长滩—阿纳海姆、新加坡、上海、圣地亚哥、阿姆斯特丹、芝加哥—内珀维尔—埃尔金、教堂山—达勒姆—洛丽、达拉斯—沃斯堡、哥本哈根。中国的北京、粤港澳大湾区、上海入选国际科技创新中心前 20 强。

“十四五”时期是我国开启全面建设社会主义现代化国家新征程、向第二

---

① 《朗文当代英语词典》。

个百年奋斗目标进军的第一个五年。2021 年 3 月发布的《中华人民共和国国民经济和社会发展第十四个五年规划和 2035 年远景目标纲要》提出，支持北京、上海、粤港澳大湾区形成国际科技创新中心。

## ➲ 6.3　综合性国家科学中心

综合性国家科学中心是国家科技领域竞争的重要平台，是国家创新体系建设的基础平台。建设综合性国家科学中心，有助于会聚世界一流科学家，突破一批重大科学难题和前沿科技“瓶颈”，显著提升中国基础研究水平，强化原始创新能力。我国“十三五”规划中提出，“加快能源、生命、地球系统与环境、材料、粒子物理和核物理、空间和天文、工程技术等科学领域和部分多学科交叉领域国家重大科技基础设施建设，依托现有先进设施组建综合性国家科学中心。”这是首次提出续建综合性国家科学中心。此后，在《国家创新驱动发展战略纲要》、党的十九届五中全会公报等政策文件中多次强调加强基础科学研究，加快综合性国家科学中心的建设。综合性国家科学中心作为基础科学领域的主要抓手，是依托国家重点实验室、国家实验室、国家科研机构和高水平大学等先进研发平台，科技园区等创新基地，中介服务机构等公共服务平台组成的重大科技基础设施群，集中开展多学科前沿基础研究，是体现国家意志的科技战略平台、推动地区发展的创新战略引擎、涵盖多层级功能主体的创新平台。2016 年以来，上海、合肥、北京、深圳四地已先后获批建立综合性国家科学中心。随着各地区竞争优势的不断提高，重庆、武汉、西安、兰州、沈阳等城市也纷纷提出加快推进建设综合性国家科学中心的规划和构想。未来，我国综合性国家科学中心体系的建设要紧密结合国家创新体系整体布局，结合各地资源禀赋和科教优势，体现国家意志、强化统筹协调、坚持目标导向、发挥骨干引领、严控盲目建设，加快建设原始创新策源地、科技创新制高点。2021 年 3 月发布的《中华人民共和国国民经济和社会发展第十四个五年规划和 2035 年远景目标纲要》提出，建设北京怀柔、上海张江、大湾区、安徽合肥综合性国家科学中心。

## ➲ 6.4 区域科技创新中心

区域科技创新中心是指在特定科技创新功能区域内，拥有丰富创新资源和优越创新环境，具有较强创新活力和创新能力，能够显著集聚和有效组织创新要素，聚力解决区域发展中的科技难题，引领区域经济、社会、文化、生态全方面高质量发展，是区域创新体系的“轮轴”，也是区域对接国家和全球创新网络的“枢纽”。区域科技创新中心可以有效组织和合理配置区域多类型创新要素和创新资源，更好地发挥各类创新主体的创新能力，推动区域创新水平快速提升；弥补中国仅有三大国际科技创新中心、缺少区域科技创新中心的空间缺位问题，推动区域科技创新中心之间以及区域科技创新中心与国际科技创新中心之间形成互补联动，提升国家科技创新整体效能，为解决全球科技难题贡献中国力量。区域科技创新中心的建设是按照国家重大科技创新平台的部署推进的，应发挥区域科技创新中心的区域内创新资源要素的枢纽功能，整合创新要素，要遵循全球科技创新发展规律，将区域科技创新中心的发展放在全球创新体系和创新网络之中，建立起区域科技创新中心同外部创新主体和平台的有效沟通协作，使区域科技创新中心成为区域对外的科技创新“门户”。

### 6.4.1 主要城市科技创新能力比较

当前我国主要城市都将创新作为实现高质量发展的核心驱动力量，积极探索各具特色的创新发展模式、多措并举提升城市科技创新能力。国内多家科技评估机构对当前我国城市科技创新能力进行了第三方评估，其中较为权威的有（见表 6–1）：

1. 由科技部中国科技信息研究所发布的《国家创新型城市创新能力评价报告 2021》从创新治理力、原始创新力、技术创新力、成果转化力和创新驱动力 5 个方面对全国 288 个地级及以上城市的创新能力进行评价，结果显示中国城市创新能力排在前 20 位的分别是北京、上海、深圳、杭州、广州、南京、苏州、武汉、西安、长沙、合肥、青岛、成都、厦门、无锡、天津、济南、珠海、宁波和常州。

2. 由首都科技发展战略研究院发布的《中国城市科技创新发展报告（2021）》从创新资源、创新环境、创新服务和创新绩效 4 个方面对全国 288 个地级及以上城市进行量化研究，结果显示中国城市科技创新发展指数排名前 20 位的城市依次是北京、深圳、上海、南京、广州、杭州、武汉、苏州、西安、珠海、成都、合肥、天津、厦门、宁波、无锡、青岛、郑州、常州和长沙。

3. 由北京科技创新中心研究基地和国家科技资源共享服务工程技术研究中心联合发布的《2021 年中国城市科技创新指数报告》以中国 337 个地级及以上城市为评估对象，从科技创新效率和科技创新总量两个方面全面评价城市的科技创新水平，结果显示城市科技创新指数前 20 位的城市分别是北京、上海、深圳、广州、南京、天津、杭州、武汉、成都、苏州、西安、青岛、东莞、沈阳、济南、合肥、无锡、长沙、郑州和重庆。

4. 由中国社会科学院财经战略研究院与中国社会科学出版社共同发布的“中国社会科学院财经战略研究院创新工程重大成果”——《中国城市竞争力报告 No.19：超大、特大城市：健康基准与理想标杆》评估了超大、特大城市科技创新竞争力，结果显示 2021 年科技创新竞争力排名前 20 位的城市依次为北京、上海、深圳、香港、杭州、武汉、广州、南京、台北、青岛、成都、苏州、合肥、西安、厦门、天津、长沙、重庆、珠海、东莞。

5. 由清华大学产业发展与环境治理研究中心发布的《国际科技创新中心指数 2021》从科学中心、创新高地、创新生态 3 个方面对全球 50 个城市（都市圈）的创新实力和动态能力进行了评估，我国国内城市（都市群）的排名为北京（第 4 位）、粤港澳大湾区（第 7 位）、上海（第 14 位）、南京（第 34 位）、杭州（第 37 位）、武汉（第 38 位）、合肥（第 39 位）、成都（第 42 位）、苏州（第 46 位）。

表 6-1　主要城市科技创新能力评价报告一级指标得分排名情况

| 《国家创新型城市创新能力评价报告 2021》 | | | | | | | 《中国城市科技创新发展报告（2021）》 | | | | | | 《2021 年中国城市科技创新指数报告》 | | | | 《国际科技创新中心指数 2021》 | | | | |
|---|---|---|---|---|---|---|---|---|---|---|---|---|---|---|---|---|---|---|---|---|---|
| 城市 | 创新治理力 | 原始创新力 | 技术创新力 | 成果转化力 | 创新驱动力 | 排名 | 城市 | 创新资源 | 创新环境 | 创新服务 | 创新绩效 | 排名 | 城市 | 科技创新效率 | 科技创新总量 | 排名 | 城市 | 科学中心 | 创新高地 | 创新生态 | 排名 |
| 北京 | | | | | | 1 | 北京 | 0.7256 | 0.7990 | 0.9580 | 0.8656 | 1 | 北京 | 86.10 | 99.99 | 1 | 北京 | 85.78 | 75.87 | 86.22 | 4 |
| 上海 | | | | | | 2 | 深圳 | 0.5309 | 0.7107 | 0.9035 | 0.8533 | 2 | 上海 | 81.18 | 91.60 | 2 | 粤港澳大湾区 | 82.43 | 73.04 | 84.32 | 7 |
| 深圳 | 69.4 | 71.5 | 85.8 | 87.7 | 84.5 | 3 | 上海 | 0.4808 | 0.6835 | 0.9094 | 0.7714 | 3 | 深圳 | 87.21 | 84.26 | 3 | 上海 | 76.23 | 66.87 | 81.53 | 14 |
| 杭州 | 83.5 | 79.1 | 72.6 | 79.6 | 79.3 | 4 | 南京 | 0.5233 | 0.6956 | 0.8017 | 0.7507 | 4 | 广州 | 81.56 | 86.23 | 4 | 南京 | 72.35 | 63.55 | 64.68 | 34 |
| 广州 | 82.7 | 80.0 | 72.7 | 80.1 | 74.6 | 5 | 广州 | 0.4952 | 0.6359 | 0.8787 | 0.7457 | 5 | 南京 | 82.82 | 81.71 | 5 | 杭州 | 68.54 | 64.24 | 66.29 | 37 |
| 南京 | 78.4 | 87.1 | 74.5 | 76.7 | 71.5 | 6 | 杭州 | 0.4734 | 0.7259 | 0.8520 | 0.7043 | 6 | 天津 | 80.27 | 80.99 | 6 | 武汉 | 70.75 | 63.49 | 64.23 | 38 |
| 苏州 | 83.3 | 63.1 | 70.7 | 84.7 | 70.4 | 7 | 武汉 | 0.4866 | 0.7250 | 0.7549 | 0.7404 | 7 | 杭州 | 81.04 | 79.92 | 7 | 合肥 | 69.80 | 62.78 | 62.53 | 39 |
| 武汉 | 73.9 | 84.5 | 72.6 | 69.7 | 68.0 | 8 | 苏州 | 0.3678 | 0.6289 | 0.7984 | 0.7275 | 8 | 武汉 | 79.89 | 80.75 | 8 | 成都 | 67.72 | 62.23 | 62.51 | 42 |
| 西安 | 62.2 | 84.8 | 83.2 | 72.9 | 56.0 | 9 | 西安 | 0.5260 | 0.5990 | 0.6918 | 0.6055 | 9 | 成都 | 77.49 | 80.07 | 9 | 苏州 | 68.19 | 61.69 | 61.42 | 46 |
| 长沙 | 67.5 | 73.7 | 70.0 | 65.7 | 71.9 | 10 | 珠海 | 0.3930 | 0.6836 | 0.6060 | 0.6568 | 10 | 苏州 | 81.42 | 76.27 | 10 | | | | | |
| 合肥 | 69.7 | 69.8 | 69.5 | 70.1 | 68.2 | 11 | 成都 | 0.3293 | 0.6996 | 0.7326 | 0.6144 | 11 | 西安 | 78.83 | 77.19 | 11 | | | | | |

续表

| 《国家创新型城市创新能力评价报告 2021》 | | | | | | | 《中国城市科技创新发展报告（2021）》 | | | | | | 《2021 年中国城市科技创新指数报告》 | | | | 《国际科技创新中心指数 2021》 | | | | |
|---|---|---|---|---|---|---|---|---|---|---|---|---|---|---|---|---|---|---|---|---|---|
| 城市 | 创新治理力 | 原始创新力 | 技术创新力 | 成果转化力 | 创新驱动力 | 排名 | 城市 | 创新资源 | 创新环境 | 创新服务 | 创新绩效 | 排名 | 城市 | 科技创新效率 | 科技创新总量 | 排名 | 城市 | 科学中心 | 创新高地 | 创新生态 | 排名 |
| 青岛 | 71.5 | 70.0 | 66.9 | 69.0 | 64.5 | 12 | 合肥 | 0.4851 | 0.5502 | 0.6338 | 0.6107 | 12 | 青岛 | 78.25 | 74.28 | 12 | | | | | |
| 成都 | 63.7 | 73.9 | 65.8 | 72.3 | 65.3 | 13 | 天津 | 0.3652 | 0.6415 | 0.6904 | 0.5976 | 13 | 东莞 | 82.97 | 69.45 | 13 | | | | | |
| 厦门 | 75.8 | 66.8 | 65.4 | 64.5 | 67.3 | 14 | 厦门 | 0.3510 | 0.5863 | 0.6179 | 0.6474 | 14 | 沈阳 | 78.17 | 72.57 | 14 | | | | | |
| 无锡 | 76.0 | 57.5 | 67.4 | 68.0 | 69.6 | 15 | 宁波 | 0.3074 | 0.6257 | 0.6057 | 0.6456 | 15 | 济南 | 76.98 | 73.38 | 15 | | | | | |
| 天津 | | | | | | 16 | 无锡 | 0.3028 | 0.6000 | 0.6624 | 0.6325 | 16 | 合肥 | 78.70 | 71.96 | 16 | | | | | |
| 济南 | 65.4 | 64.3 | 67.9 | 66.8 | 56.8 | 17 | 青岛 | 0.2818 | 0.6831 | 0.6186 | 0.6240 | 17 | 无锡 | 79.49 | 70.64 | 17 | | | | | |
| 珠海 | | | | | | 18 | 郑州 | 0.3591 | 0.5403 | 0.6701 | 0.5845 | 18 | 长沙 | 76.36 | 72.91 | 18 | | | | | |
| 宁波 | 80.2 | 52.4 | 51.7 | 65.8 | 70.3 | 19 | 常州 | 0.3103 | 0.5553 | 0.6521 | 0.6066 | 19 | 郑州 | 75.42 | 73.54 | 19 | | | | | |
| 常州 | 72.3 | 48.0 | 65.6 | 63.9 | 67.6 | 20 | 长沙 | 0.3935 | 0.6038 | 0.5113 | 0.6078 | 20 | 重庆 | 70.72 | 76.71 | 20 | | | | | |

注：《中国城市科技创新发展报告（2021）》《2021 年中国城市科技创新指数报告》和《国家创新型城市创新能力评价报告 2021》均选取排名前 20 的城市。其中：《国家创新型城市创新能力评价报告 2021》中北京、上海、天津和珠海 4 地数据缺失。《国际科技创新中心指数 2021》为全球 50 个城市（都市圈）当中的中国城市排名，且粤港澳大湾区包含深圳、香港、广州等城市。

综合多家评估机构结果来看，北京、上海、深圳、杭州、广州、南京、苏州、武汉、西安和成都的城市科技创新能力排在全国前列。从区域层面来看，华东地区科技创新头部城市为上海，南京和苏州紧随其后；在华南地区，深圳和广州科技创新能力最强；在华北地区，北京科技创新能力居于首位，天津科技创新能力持续提升；在华中地区，武汉科技创新能力持续领跑；在西南区域，成都科技创新能力拔得头筹，重庆科技创新发展势头强劲；在西北区域，西安科技创新成效亮眼；在东北区域，沈阳和大连科技创新能力实现新跃升。

### 6.4.2 主要省区市科技创新中心建设规划

在各地公布的“十四五”规划纲要、“十四五”科技创新规划及政府工作报告中，多地争相提出加快打造国家区域科技创新中心。其中，南京提出坚持科创产业和产业科创双向发力，着力打造国家区域科技创新中心，争创综合性国家科学中心；苏州锚定“争创国家区域科技创新中心”，建设具有全球影响力的综合性产业创新中心、重要领域创新策源地和世界一流创新型城市；成都、重庆立足把成渝地区双城经济圈建设成为具有全国影响力的科技创新中心，提出高标准建设成渝综合性科学中心；西安提出到2025年基本建成具有国际竞争力的丝路科创中心，争创国家区域科技创新中心，支撑陕西建设国家（西部）科技创新中心；湖北在“十四五”期间将全力争创武汉国家科技创新中心和湖北东湖综合性国家科学中心，加快推进襄阳、宜昌区域科技创新中心建设；河北将在雄安和邯郸建设区域科技创新中心，在石家庄建成全省科技创新中心和全国有影响力的产业创新中心；河南依托“1+8郑州都市圈”创建国家区域科技创新中心；甘肃提出在兰州、白银地区建设面向西北的科技创新中心；青海将在西宁市全力打造以高原科技为特色的区域科技创新中心（见表6–2）。

表 6-2　主要省区市科技创新中心建设规划目标

| 地域 | 目标 |
| --- | --- |
| 南京 | 提出坚持科创产业和产业科创双向发力，着力打造国家区域科技创新中心，争创综合性国家科学中心 |
| 苏州 | 锚定“争创国家区域科技创新中心”，建设具有全球影响力的综合性产业创新中心、重要领域创新策源地和世界一流创新型城市 |
| 成都、重庆 | 把成渝地区双城经济圈建设成为具有全国影响力的科技创新中心<br>高标准建设成渝综合性科学中心 |
| 四川 | 推进综合性国家科学中心建设、高标准规划建设西部（成都）科学城 |
| 西安 | 2025 年基本建成具有国际竞争力的丝路科创中心，争创国家区域科技创新中心，支撑陕西建设国家（西部）科技创新中心 |
| 陕西 | 着力推动西安综合性国家科学中心建设 |
| 湖北 | 争创武汉国家科技创新中心和湖北东湖综合性国家科学中心，加快推进襄阳、宜昌区域科技创新中心建设 |
| 河北 | 将在雄安和邯郸建设区域科技创新中心，在石家庄建成全省科技创新中心和全国有影响力的产业创新中心 |
| 河南 | 依托“1+8 郑州都市圈”创建国家区域科技创新中心 |
| 甘肃 | 在兰州、白银地区建设面向西北的科技创新中心 |
| 青海 | 在西宁市全力打造以高原科技为特色的区域科技创新中心 |
| 沈阳 | 建设好沈阳现代化都市圈，建设综合性国家科学中心 |

根据澎湃新闻等信息整理。

根据首都科技发展战略研究院发布的《中国城市科技创新发展报告（2021）》，当前我国正在建立以中心城市引领城市群发展、城市群带动区域发展的新模式，全国各区域板块之间融合互动正在加强。以北京、天津为中心引领京津冀城市群发展，带动环渤海地区协同发展；以上海为中心引领长三角城市群发展，带动长江经济带发展；以香港、澳门、广州、深圳为中心引领粤港澳大湾区建设，带动珠江—西江经济带创新绿色发展；以重庆、成都、武汉、郑州、西安等为中心，引领成渝、长江中游、中原、关中平原等城市群发展，带动相关板块融合发展。

### 6.4.3 重点区域创新能力的分析

城市群是世界经济重心转移的重要承载地，是我国城镇化和工业化发展到高级阶段的必然产物，发展城市群的根本目标是提升城市群的集聚效应，提高创新能力。我国目前共有19个国家级城市群，初步构建了“两横三纵”的城镇化发展战略格局。《中国城市科技创新发展报告（2021）》结果显示，全国19个城市群中科技创新发展指数排序为京津冀城市群、珠三角城市群、长三角城市群、关中平原城市群、山西中部城市群、呼包鄂榆城市群、天山北坡城市群、中原城市群、滇中城市群、辽中南城市群、黔中城市群、山东半岛城市群、哈长城市群、粤闽浙沿海城市群、成渝城市群、长江中游城市群、兰州—西宁城市群、宁夏沿黄城市群、北部湾城市群。综合来看，国家重点区域取得突破式发展，区域间形成有效的协同创新体系，促进区域间资源、要素和人才的流动和集聚，构建起多层次、网络化的区域创新体系。以北京和天津为代表的京津冀城市群，以上海、南京、苏州、杭州和合肥为代表的长三角城市群，以深圳和广州为代表的珠三角城市群，既是中国经济发展最为活跃的区域，也是中国科技创新发展动力最强劲的区域。中部地区中，山西中部城市群、中原城市群、呼包鄂榆城市群、中原城市群创新表现亮眼；西部地区中，创新能力较为突出的城市群是关中平原城市群、天山北坡城市群、滇中城市群。

京津冀城市群在区域空间上形成“四区”差异化发展格局，其中，南部功能拓展区承担科技成果产业化和高新技术产业发展功能。在基础研究的区域协作方面，京津冀三地以签署基础研究合作框架协议等方式，打破科研管理体制的条块分割，构建跨区域基础研究合作平台，发挥三地科研机构和院所协同创新的叠加效应，有效促进科技创新资源的区域共享和科技创新成果的转化落地。京津冀地区在以下三个方面实现了关键突破。第一，北京作为全国科技中心，推动区域创新能力不断提升，实现产业转型升级，并推动区域内部的产业转移。河北作为北京、天津的腹地，重点承接北京地区的产业转移，雄安新区规划取得重要进展。同时，北京城市副中心建设搬迁以及北京大兴国际机场建设完成，有利于北京疏解首都非核心功能。第二，京津冀地区通过建设完善城际高铁、高速公路、地铁等交通工具，共建北京周围“半小时通勤圈”，在交通一体化方面取得了重要突破。第三，京津冀地区在污染治理、雾霾改善、城市绿化等方面取得了显著成效，生态环境保护成为区域可持续发展的重要主题。

长三角城市群是“一带一路”交汇长江经济带的重要区域，构建了“一核五圈四带”的网络化空间格局，以上海为核心，推动五大都市圈的同城化发展，促进四个发展带的聚合发展。2017 年，先后启动建设上海张江综合性国家科学中心和合肥综合性国家科学中心，立足上海和合肥创新资源，聚集世界一流科学家，突破一批重大科学难题和前沿科技“瓶颈”，提升基础研究水平、原始创新能力。长江经济带创新能力发展迅速，创新投入和创新产出均居全国前列；一体化进程逐渐加快，上海、杭州、南京、苏州等 10 余个城市形成多动力发展格局；在发展的同时注重长江流域生态保护，坚持绿色发展的理念。

珠三角城市群作为广东省科技创新高地，在研发经费投入强度上延续快速增长的态势，据广东省统计局数据，“十三五”期间，深圳 R&D 经费增长 106.3%，位列全国第三，东莞 R&D 经费投入强度增长势头强劲。珠三角城市共同聚焦新兴产业和先进制造业，东莞、佛山、惠州等地将制造业领域的科技创新视为未来的发展重点。粤港澳大湾区通过完善基础设施、提高交通便利度、加强贸易政策支持促进要素流动，区域创新水平不断提升。“一带一路”建设通过开展国际合作，促进互联互通，开辟了世界经济增长的新空间，提升了世界人民的福祉水平。

## ➲ 6.5 优化区域科技创新布局的几点思考

我国区域科技发展战略的逻辑，经历了重工业导向的区域创新体系、外向型经济导向的区域创新体系、创新驱动导向的区域协同创新体系的政策演变。当前，在加快构建以国内大循环为主体、国内国际双循环相互促进的新发展格局的战略背景下，我国区域科技发展战略也在同步深刻调整，国际科技创新中心、综合性国家科学中心、区域科技创新中心建设也将迎来新的发展变革。

### 6.5.1 统筹国际科技创新中心、综合性国家科学中心、区域科技创新中心建设

国际科技创新中心、综合性国家科学中心、区域科技创新中心具有不同的定位，要分类定位、统筹布局，加快形成创新型国家、科技强国的战略支点和创新发展的雁阵格局。对我国国际科技创新中心、综合性国家科学中心、区域科技创新中心按照功能定位、创新能级、发展现状进行分类，分层次定位、分阶段推进。国际科技创新中心宜精不宜多，宜聚不宜散，要进一步打造北京、上海、粤港澳大湾区作为国际科技创新中心的功能和地位。综合性国家科学中心宜实不宜虚，宜专不宜广，要紧密结合我国研究型大学、国家科研机构的城市布局，凝聚创新人才，夯实基础研究，打造原始创新策源地。区域科技创新中心布局宜充分体现国家意志，不宜简单将经济水平和产出能力作为建设的基础。

### 6.5.2 从构建新发展格局的需要出发抓好区域创新中心的合理布局

区域创新中心的布局应从构建新发展格局的需要出发，重点在中西部和东北地区布局，挑选创新资源集聚度高、创新能力较强、产业优势突出、技术发展与国家战略目标高度契合的城市，目前可以优先考虑中部地区的武汉、西北地区的西安、东北地区的沈阳和大连等城市。未来，可以研究考虑在具

有重要战略价值的城市布局，如郑州、长沙、太原、呼和浩特、乌鲁木齐、兰州、昆明、哈尔滨、长春等。优先支持国家实验室、综合性国家科学中心等国家重大科技创新平台在中西部和东北地区布局，集成国家重点实验室、国家技术创新中心、国家重大科技项目等科技创新资源对中西部和东北地区进行一揽子支持，打造中西部和东北地区科技创新资源集聚高地。

### 6.5.3　推动国家创新政策协调实施，形成政策叠加效应

新时期应当从新的战略高度，推动中西部地区与沿海发达地区共建协同生产的分工体系，建立中国城市科技创新网络，确保产业链、供应链安全稳定。对此，中西部和东北地区的科技创新中心布局应从碎片化向体系化转变，包括完整的创新链和产业链布局，加强上下游企业之间技术经济的关联性，增强区域间产业的协同性，提高产业链与创新链、资金链、人才链融合的紧密度。借鉴“三线建设”经验，通过适当提高国家支持力度，推动中西部和东北地区建设若干个区域科技创新中心。推动区域科技创新中心与国家中心城市、都市圈、城市群等国家区域战略进行一体化部署。推动国家自主创新示范区、国家自由贸易试验区、全面创新改革试验区等现有政策在区域科技创新中心同步实施，形成国家战略叠加效应，打造区域创新高地。

## 第七章

# 国家战略人才力量

# ➲ 7.1 国家战略人才力量的内涵

## 7.1.1 国家战略人才力量的提出

当今世界，大国竞争的新变局与新冠疫情等全球性挑战使得科学技术在社会经济可持续发展中的核心作用不断凸显，也更直观突出了建设战略人才力量的重要性和紧迫性。科技创新成为国际战略博弈的主要战场，围绕科技制高点的竞争空前激烈；新一轮科技革命和产业变革突飞猛进，科技创新广度显著加大，科技创新深度显著加深，科技创新速度显著加快，科技创新精度显著加强。面对当下关键核心技术“卡脖子”困境，实现高水平科技自立自强，打好关键核心技术攻坚战，需要打造一支具有战略视野、专业技术过硬、富有进取精神的战略人才力量。

2017 年 10 月，党的十九大报告提出，“培养和造就一大批具有国际水平的战略科技人才、科技领军人才、青年科技人才和高水平创新团队”，描绘了国家战略人才力量重要组成的雏形。2021 年 9 月召开的中央人才会议上，首次正式提出国家战略人才力量这一概念。2021 年 12 月，第 24 期《求是》杂志刊发习近平总书记的重要文章《深入实施新时代人才强国战略 加快建设世界重要人才中心和创新高地》，文中强调“实现我们的奋斗目标，高水平科技自立自强是关键”。我国要实现高水平科技自立自强，归根结底要靠高水平创新人才。从 2002 年“人才强国战略”提出要着力建设党政人才、企业经营管理人才、专业技术人才三支队伍，转向到 2021 年新时代人才工作指出战略人才站在国际科技前沿、引领科技自主创新、承担国家战略科技任务，是支撑我国高水平科技自立自强的重要力量，必须把建设战略人才力量作为重中之重来抓，可以窥见发现培养高水平科技人才是当前乃至很长一段时间中的必要任务。

## 7.1.2 国家战略人才力量的组成

究竟何为国家战略人才力量？在 2021 年 9 月的中央人才工作会议上，习近平总书记对加快建设国家战略人才力量提出明确要求，强调要“大力培养使用战略科学家”“打造大批一流科技领军人才和创新团队”“造就规模宏大的青年科技人才队伍”“培养大批卓越工程师”。这一要求明确了国家战略人才力量的主要组成。

（1）战略科学家

“统军持势者，将也；制胜败敌者，众也。”战略科学家是科学帅才，是国家战略人才力量中的“关键少数”。战略科学家是指拥有深厚科学素养、长期奋战在科研第一线，视野开阔，前瞻性判断力、跨学科理解能力、大兵团作战组织领导能力强的科学家。当前，全球进入大科学时代，科学研究的复杂性、系统性、协同性显著增强，战略科学家的重要性日益凸显。

（2）一流科技领军人才和创新团队

科技领军人才是在一定时期、业务范围和专业领域内熟悉环境、精通业务，具备完整的知识体系，具有追求卓越的科学精神和严谨的科学态度，能够保持优秀的职业道德操守和不懈的奋斗意志，能够带领科技团队创新攻关、推动引领相关专业领域发展，不断获得科技成果、取得卓越成绩，被业内广泛认可的人才。而高水平创新团队一般由科技领军人才或战略科技人才领衔，是战略人才力量的“中坚”。

（3）青年科技人才

自古英雄出少年。拥有一大批青年科技人才，是国家创新活力之所在，也是科技发展希望之所在。青年人才是国家战略人才力量的源头活水。有研究表明，自然科学家发明创造的最佳年龄段是25岁到45岁。

（4）卓越工程师

制造业是我国的立国之本、强国之基。我国是世界上唯一拥有全部工业门类的国家。卓越工程师是爱党报国、敬业奉献、具有突出技术创新能力、善于解决复杂工程问题的工程师，也是一线科技人才，活跃在我国的制造业中。

总体而言，“战略科学家”是国家战略人才力量的“塔尖”；“科技领军人才”和“高水平创新团队”是国家战略人才力量的“塔身”；“青年科技人才”

和“一线科技人才”是国家战略人才力量的“塔基”(见图 7-1)。

图 7-1　国家战略人才力量

## 7.2　战略科学家的引领作用

### 7.2.1　战略科学家的卓越

2021 年 9 月，习近平总书记在中央人才工作会议上提出，要坚持长远眼光，有意识地发现和培养更多具有战略科学家潜质的高层次复合型人才，形成战略科学家成长梯队。

战略科学家的提出，顺应了当下新发展阶段的人才需求。从科技创新总量来看，中国现在已经位于世界前列，从质量和水平上来看，也正在从跟跑向并跑、领跑转变。此时正需要一批战略科学家，从国家发展的历史高度出发，深刻理解科技、政治、经济、社会、文化等各方面发展的规律，把握世界发展大势，探索新的方向，开辟新的疆域。战略科学家既是科学家，也是战略家，是国家战略人才力量中的“关键少数”。

究竟何为战略科学家？目前没有明确的定义。“战略科学家”一词由“战略”和“科学家”两部分组成，意味着战略科学家应该同时具有战略家和科学家属性。

综合现有对战略科学家的理解，我们总结战略科学家的内涵包括：

①战略科学家应该有科学家的属性，必须是一名优秀的科学家。在自身从事的研究领域达到一定的学术高度，获得专业界认可。

②战略科学家应该是一名宽口径的科学家。除了自己所在的领域，还能从更宽的领域洞察科学发展态势，清楚大多数科学领域的主要发展趋势。

③战略是指整个国家发展的战略。战略科学家作为一名战略家，在国际科技竞争中，需要能分辨出哪些科学领域是竞争重点，哪些领域适合常规式发展，哪些领域可以加强合作，并且就此提出战略性意见。

④战略性科学家需要对科学管理有所把握，了解政策制定的基本规程。

基于上述内涵，进一步刻画“战略科学家”的画像：

①追求科学真理，科学贡献卓越。战略科学家在其从事的研究领域应是公认造诣精深、贡献卓越的科学家。

②超前战略眼光。战略科学家应具有突出的战略意识、高远的战略眼光、敏锐的洞察力、准确的判断力和超前的预见力。

③拥有复合知识，善于学科融通。战略科学家应具有宽广的视野，拥有专博相济、专深博广的复合知识结构，深刻把握学科发展的分化、交叉、融合、渗透规律，形成跨学科理解能力。

④卓越的创新精神。一方面，在具有丰厚知识底蕴的前提下，勇于探索新的研究领域，提出具有突破性的论点，推动本学科的发展；另一方面，战略科学家作为一个创新团队的带头人，经常需要从战略高度进行决策，他们在进行决策时也往往需要有勇气破除旧的合作方式或规章制度，对整个团队的工作方法和策略进行创新。

⑤足够的领导能力。战略科学家作为一个领军人物，仅仅做好自己的科研工作是远远不够的，还要管理团队的整体运行和协调团队内部的利益和矛盾，这就要求战略科学家具有一定的管理能力和领导艺术。

### 7.2.2 战略科学家的引领

世界科技发展史证明，谁拥有了一流创新人才、拥有了一流科学家，谁就能在科技创新中占据优势。在人才强国系统工程中，党是总设计师，负责牵头抓总、确定方向、统筹各方。而战略科学家在其中承担的角色，可以称为“架构师”。他们的职责是研究怎样的架构可以更合理高效地发展人才、利用人才，更快更好地实现人才强国战略。由此可见，战略科学家的作用是不可或缺的。战略科学家在国家科技发展和创新中的引领地位和作用日益凸显。

中国历史上有一批著名的战略科学家，钱学森就是其中之一。钱学森是空气动力学家，也是中国载人航天的奠基人，创立了系统工程的中国学派。更重要的是，钱学森结合自己的专业功底，描绘了现代科学技术的知识体系。他将科学技术体系分为数学、自然科学以及社会科学三大门类，又将自然科学分成基础科学、技术科学和工程技术三个层次，然后延伸到其他学科门类，推动我国的科技体系形成“三个层次、一座桥”的架构，为科学事业的发展打下基础。还有“人民的数学家”华罗庚，他不仅在数学领域做出巨大贡献，还把应用数学变成了为工农业生产服务的工具，提出了“双法”。“双法”指的是以改进生产工艺和提高质量为内容的优选法，以及以处理生产组织与管理问题为内容的统筹法，被广泛应用于化工、电子、邮电、冶金、煤炭、石油等多个行业，受益者众多。国外著名的战略科学家不胜枚举，在此仅列举如下两位。

1. 奥本海默

罗伯特·奥本海默（Robert Oppenheimer, 1904—1967 年）是 20 世纪美国著名的理论物理学先驱。年轻时，他就为早期量子力学的发展作出了开创性的贡献，显示出非凡的才能，30 多岁时，他在伯克利创立了美国历史上前所未有的庞大的理论物理学学派，为美国物理学的迅速崛起做出巨大贡献，因而当之无愧地进入了世界著名的十大理论物理学家之列。他领导着“史无前例的最庞大的科学家组织”，研制成功了世界上第一颗原子弹，由此获得了“原子弹之父”的美誉。

1941 年 10 月 21 日，奥本海默被邀参加在斯克内克塔迪召开的会议，此时的奥本海默刚刚 37 岁，但他已是一位超凡的理论物理学家。奥本海默开始并不赞同制造核武器，然而这次会议使他改变了主意，他意识到在原子能事业上他将大有作为。曼哈顿计划的主要负责人格罗夫斯（Croves）准将一下子看中了奥本海默，并任命他为核武器研究的新实验室的主任。

奥本海默选定在新墨西哥州的赫梅斯山西坡上，一个名为“洛斯·阿拉莫斯（Los Alamos）”的景地上创建一座新实验室，在这里他实现了一生的梦想，把他的两个最爱——科学和高山结合在一起，并开始招兵买马。在极短的时间内，奥本海默在全国招聘了近百名科学家，其中有费米、汉斯·贝蒂（Hans Bethe）、劳伦斯（E.O.Lawrence）、爱德华·特勒（ E.Teller）、拉姆赛、康普顿（A.H.Compton）、冯·诺依曼（Von Neumann）、赛格雷（ Emilio Segre）、尤里（H.C.Urey）等，这里遍布了诺贝尔奖获得者，他们代表着美国当代第一流的水平，无论是剑桥大学的卡文迪什实验室，还是柏林和哥廷根，甚至普林斯顿的高等研究院都不曾聚集过这么多的天才。格罗夫斯将军总是习惯地称之为“ 有史以来最庞大的金头脑组合”。

在奥本海默的领导下，实验室有强大的技术储备，训练有素的人力资源和振奋的士气，他以超凡的能力和镇静的外表统管着全局。1945 年 7 月，代号名为“三位一体”的内爆计划得到了全面的实施，于 7 月 16 日凌晨 5:30 在洛斯·阿拉莫斯 20 英里以外的霍尔纳多进行试爆，世界真正进入了核时代。这位理论物理学家的名字伴随着一声晴天霹雳而载入史册。研制原子弹是一项涉及数学、物理、化学和工程技术等许多学科的复杂工作，它是人类有史以来第一次大兵团作战、集体攻克科学难关的范例，由此积累的经验对后来的人造卫星、登月计划等提供了有益的借鉴。这项宏大计划的顺利完成是与奥本海默的努力分不开的。1946 年，他被授予梅里特国会勋章，人们开始称他为“原子弹之父”。

2. 玻尔

尼尔斯·玻尔是丹麦物理学家，先后于 1909 年和 1911 年分别以关于金属电子论的论文获得哥本哈根大学的科学硕士和哲学博士学位。他是量子力学教父，丹麦皇家科学院院士，曾获丹麦皇家科学文学院金质奖章，英国曼彻斯特大学和剑桥大学名誉博士学位，1922 年玻尔因其原子模型和氢原子光谱的工作而获得诺贝尔物理学奖。

20 世纪兴起的最伟大的物理学理论无疑是相对论和量子论，爱因斯坦和玻尔分别是两者的重要代表。就爱因斯坦与玻尔谁是 20 世纪最伟大的物理学家这一话题曾经还引起广泛争论。争论的主要原因有两个：一是量子理论比相对论更重要；二是量子理论对观念的突破比相对论更深刻。量子理论的基本应用是当前最前沿领域之一的量子信息产业。

玻尔与他领导的哥本哈根学派不仅是丹麦这个欧洲弹丸之地永远的骄傲，也是 20 世纪整个科学界最耀眼和璀璨的星辰。1921 年，玻尔倡议并建立了哥本哈根大学理论物理学研究所，并领导这一世界性的科学中心 40 年，形成著名的哥本哈根学派，在量子力学的发展中起到独特的作用，取得许多重大成果，并培养出大批优秀的学者。例如，玻尔的对应原理推动海森伯矩阵力学的形成，在相互的启发鼓励下涌现了玻恩对波函数的概率诠释、海森伯的不确定原理等。

玻尔发表划时代的三部曲之后，邀请书纷纷来到玻尔手中。1916 年，美国加州大学邀请玻尔去工作，英国曼彻斯特大学聘请玻尔去任职。1918 年，玻尔的老师卢瑟福亲自写信邀请玻尔去英国任职，并许以年薪 200 英镑（相当于玻尔在丹麦收入的 2 倍），导师的邀请和英国的工作条件对玻尔当然具有很大的吸引力，但玻尔却回信道："我非常喜欢再次到曼彻斯特去，我知道，这对我的科学研究会有极大的帮助。但是我觉得不能接受您提到的这一职务，因为哥本哈根大学已经尽全力来支持我的工作，虽然它在财力、人员能力和实验室的管理上，都达不到英国的水平……我立志尽力帮助丹麦发展自己的物理学研究工作……我的职责是在这里尽我的全部力量。"

据统计，20 世纪 20 年代总共有 17 个国家的 60 多位物理学工作者在玻尔研究所工作过，其中有 10 人先后获得诺贝尔奖。这些来自世界各地的学者将他们的学术风格和学术观点带到了哥本哈根，他们在这里自由地讨论、大胆地质疑、批判地吸收，让各种学术思想在这里碰撞、发育、滋长和壮大，以集体合作的方式对量子力学的创立做出了卓越的贡献，孕育了举世闻名的

“哥本哈根精神”。玻尔以其拳拳的爱国情怀为自己的祖国建立了世界一流的物理研究所，在人类科学史上留下了不朽的佳话。

玻尔的性格与品质也是他吸引世界各地青年科学家的重要原因。他心胸开放，对世界各地的科学家一视同仁；他性格温和、待人宽厚，对他人无论是批评还是表扬都无比真诚；学术品格高尚，乐于做学生和合作伙伴的跳板。

## 7.3　战略科技人才的国际比较

### 7.3.1　主要科技强国战略科技人才政策概况

1. 美国的战略科技人才政策

（1）美国战略科技人才政策概况

美国一直专注于战略层面科技创新人才培育和激励的顶层设计。自 20 世纪 50 年代以来，美国相继出台了《国防教育法》（1958 年）、《美国 2000 年教育战略》（1991 年）、《美国竞争力计划》和《美国国家创新战略》（2009 年，2011 年和 2015 年）等法规和文件，为未来高素质科技人才储备进行了系统性的规划。早在 2006 年，聚焦于知识经济时代的科技创新人才培养，美国发布了《美国竞争力计划》（American Competitiveness Initiative，ACI），明确指出当下提升国际竞争力的关键是培养具有 STEM（Science 科学，Technology 技术，Engineering 工程，Mathematics 数学）能力和素养的科技人才。21 世纪，美国政府更是有针对性地设立了一系列高精尖战略人才的培养和遴选项目，例如美国海军研究署设立的“青年研究员计划”，在大学和私人研究机构设立基金，资助一批优秀的科学家或工程师开展国防相关研究，2020 年该计划已拨款 1400 万美元，通过遴选，资助 26 名候选人从事无线通信、电力、能源、机器学习、传感器、气象预测等国家重点领域的科学研究，以应对外部挑战的压力。

（2）美国战略科技领域的引才政策

美国“人才吸引战略”是其战略科技人才政策中的重要一环。作为一个由100多个民族组成的移民群体国家，移民政策可以说是美国的立国之本，它伴随着美国而生，又在美国社会经济不断发展的历史过程中修改、演变，其在很大程度上可以看作美国人才吸引战略的“晴雨表”。

20世纪30年代初，美国出现的第一次移民潮为其带来了大量的关键领域科技人才。比如，1919年的俄罗斯X射线以及阴极射线管发明者Vladimir Zworykin，后来在电视系统上获得了第一项专利；1933年的爱因斯坦，以及随之影响的德国大批理论物理学家，如恩里科·费米。这一时期，极具代表性的引才政策有美国的“回形针行动”，这一行动旨在通过争夺纳粹德国技术专家，将大批德国火箭技术专家及高阶研究人员转移至美国。该计划于1945年8月开始，直到1990年终止，其间共引进了1600多名物理学、化学、数学、军工、火箭等战略科技领域的专家。这些科学家为美国经济、军事和科技的发展作出了突出的贡献（例如，为NASA开发了土星5号运载火箭的冯·布劳恩）。表7-1列举了一些通过“回形针行动”引进的代表性战略科学技术人才。20世纪80年代后美国掀起了第二次移民潮，再一次为美国输送了大量的科学家。且自80年代开始，美国每年引进的工程师、科学家都在6000名以上。据统计，到20世纪末美国的102名诺贝尔奖获得者中，有30%是从外国引进的专家人才。

表7-1　美国“回形针行动”引进的战略科学家

| 关键核心领域 | 代表性科学家 |
| --- | --- |
| 火箭 | 沃纳·冯·布劳恩、阿瑟·鲁道夫、瓦尔特·罗伯特·多恩伯格 |
| 航空工程 | 汉斯·冯·奥海恩、库尔特·谭克 |
| 医学 | 汉斯·安特曼、瓦尔特·施耐博 |
| 电子学 | 汉斯·霍尔曼、库尔特·勒霍维克 |
| 材料科学 | 克劳斯·舒费伦、鲁多夫·施利特 |
| 物理学 | 冈特·古特因、格哈德·施韦辛格 |

（资料来源：美国国家科学院网站，http://www.nasonline.org）

21世纪以来，美国主要通过职业移民政策主动挑选人才以及非职业移民政策吸引大量高科技人才赴美留学。前者主要针对高科技领域的杰出人才，设置专门的“第一类优先职业移民”，这类人才不需要劳工证和等待绿卡排队，只需要通过个人申请即可赴美。后者非移民签证种类较多，共计48种，其中涉及科技、教育以及工程等相关人才的签证主要包括6种，分别是：学生和交换类签证，包括F1（进入合法学校全日制学习的学生）、J1（被核准项目的交流访问学者）；工作类签证，包括H–1B（从事指定专业职业的短期专业工人）、L1（赴美国分公司的执行者和管理者、专业知识雇员）、O1（在科学、艺术、教育、商业方面有杰出能力的外国人或运动员）、TN（北美自由贸易法案的从业人员）。此外，美国还通过一系列的辅助政策帮助这一类人才尽可能地为美国创造价值。

（3）美国对战略科技领域青年科学家的培养资助计划

此外，美国非常注重对战略科技领域青年科学家的培养。表7–2对相关的人才培养计划做了简单的统计。这些受资助的青年科学家构建了美国战略科技领域的后备领军力量。

表7–2 美国对关键领域青年科学家的培养资助计划

| 机构 | 资助计划 | 每年资助人数 | 计划简介 |
|---|---|---|---|
| 国家科学基金会 | 青年科学家发展计划 Young Scientist Development Plan | 600人 | 此奖项作为NSF最负盛名的奖，具有广博而深远的基础，设立的目的旨在为进行综合研究的一线教师和专家学者提供资助。作为首席科学家申请人每年只能提交一份申请，参加申请不能超过三项 |
| 国立卫生研究院 | 院长青年创新奖 Dean Youth Innovution Award | 14人 | 此奖项主要是为鼓励青年科学人员在行为科学研究领域及生物医学领域开拓创新 |
| | “独立之路”奖 “Independence Road Award” | 150—200人 | 此奖项主要颁给那些参加NIH有关研究的博士后研究者。奖励的形式是资助这些研究者资助时间不超过5年，分两次进行，第一次是为年轻有为的科学人员提供1—2年的支持，第二次的资助是否继续进行主要取决于研究职位的稳定性和是否为终身职位 |

续表

| 机构 | 资助计划 | 每年资助人数 | 计划简介 |
|---|---|---|---|
| 能源部 | 高能物理研究——杰出青年科学家计划 Outstanding Junior Investigator（OJI）Program in High-Energy Physics | 5—10 人 | 此奖项主要用于赞助青年科学人员的项目研究，每年发放 7 万美元。但要求申请人员的研究领域必须是物理加速器和高能物理，而且职位是终身职位（tenure position） |
| | 优秀核物理研究科学家项目 Outstanding Junior Invesigator（OJI）Program in Nuclear Physics | 3—5 人 | 此奖励项目鼓励优秀科学青年进行科学研究。但要求申请人员的理论和实证研究领域必须是核物理，而且职位是终身职位（tenure position） |

（资料来源：胡智慧，等．世界主要国家与组织科技人才开发政策与资助体系分析［J］．科技政策与发展战略）

2. 日本的战略科技人才政策

日本在 2008 年推出了“30 万留学生接收计划”，即 2020 年的目标是将原有在日本学习的留学生人数由 12 万人增加到 30 万人；此后，2012 年日本法务省制定了《针对外国人高级人才积分制的优惠制度基本框架方案》，着重吸引高级学术研究人员、高级专业技术人员、高级企业经营管理人员等三个领域类别的高级人才。此外，日本推行了一系列以提升人才研究水平为目标的卓越研究支持计划。例如日本提出了“21 世纪 COE”（Center of Excellence）计划，建立了国际水平的教学科研基地，加大了对科技创新人员的创新平台建设和相关的资金资助，以不断提升本国人才培养的竞争力。

日本的战略科技人才政策的一大核心是非常注重通过国际合作，加强战略科技领域的人才交流与引进工作。其中，比较有代表性的国际合作项目有 2013 年 9 月推出的“日本 - 欧盟创新、科学和技术合作伙伴关系”（Japan-EU Partnership in Innovation, Science and Technology, JEUPISTE）以及日本科学促进会（Japan Society for the Promotion of Science, JSPS）引领的一系列国际合作项目。下面以此二者为案例，进行具体介绍分析。

（1）JEUPISTE 计划

JEUPISTE（日本 – 欧盟创新、科学和技术伙伴关系）旨在促进、加强和发展日本 – 欧盟在科学、技术和创新方面的合作（STI）。该项目通过数据收集和分析报告支持日本 – 欧盟的科学、技术和革新政策对话。它还组织研讨会和信息日，以促进“地平线 2020”等合作计划，并通过主题活动促进伙伴关系的建立。此外，该项目还通过实施有关“地平线 2020”项目管理的培训研讨会，满足研究人员和研究机构的个人需求，并设有一个服务台，可以解决与欧盟 – 日本 STI 合作相关的任何类型问题的查询。

基于 JEUPISTE 第一个此类项目 J-BILAT 的成功，JEUPISTE 联盟由 10 个不同类型的合作伙伴（政府，非营利组织，高等教育机构，中小企业）组成（见表 7-3），跨越地理区域和学科，涵盖欧洲框架计划的各个方面，包括“地平线 2020”。该项目从 2013 年 9 月持续到 2017 年 2 月。

表 7-3　JEUPISTE 计划合作伙伴

| JEUPISTE 合作伙伴 | 来源国 |
|---|---|
| 国际问题和培训研究所（日本 – 欧盟工业合作中心） | 日本 |
| 促进欧洲研究机构 | 意大利 |
| 德国国防军（DLR） | 德国 |
| 研究与技术基金会 Hellas（FORTH） | 希腊 |
| 信息和科学发展区域中心 | 匈牙利 |
| 土耳其科学和技术研究理事会 | 土耳其 |
| 大学和研究资助管理机构（AGAUR） | 西班牙 |
| 国际中小企业网络 | 意大利 |
| 国立大学株式会社 神户大学 | 日本 |
| 社会创新中心 | 奥地利 |

（资料来源：http:// www.jeupiste.eu）

（2）JSPS（日本科学促进会）

日本科学促进会（JSPS）成立于1932年，最早是一个由昭和天皇捐赠的非营利基金会。JSPS于1967年在教育、科学、体育和文化部的主持下成为一个准政府组织，自2001年以来由教育、文化、体育、科学和技术部领导。在这70年的时间里，JSPS不断致力于开发和实施一系列影响深远的国内和国际科学计划。2003年10月1日，JSPS进入一个新的阶段，转变为一个独立的行政机构。自成立以来，JSPS的使命一直是推进科学发展。作为日本首屈一指的研究资助机构，JSPS实施了多元化的计划，包括资助科学研究，培养年轻研究人员，促进国际科学交流以及支持大学的改革和全球化。由于JSPS在实施该计划方面积极开展工作，因此它侧重于支持研究人员，为他们提供稳定和可持续的环境，以推进他们的工作。

JSPS的功能之一便是通过开设一系列的国际合作项目，尤其是在战略科技领域的国际合作项目，促进这些领域的战略科技人才交流与合作。

表7-4展示了日本（JSPS）与英国于2021年开展的一系列合作研究计划。

表7-4　2021JSPS-LEAD 与英国开展的战略领域合作计划

| 项目名称 | 日本 | | 英国 | |
|---|---|---|---|---|
| | PI | 职务 | PI | 职务 |
| 疫苗的创新和互补能力 | 饭冢美智子 | 教授，政策研究的研究生院，政策研究大学 | 安娜贝尔·伊万娜·索莱达 | 苏塞克斯大学发展研究所商业、市场和国家集群负责人 |
| COVID-19和法律－弱势群体的保护和恢复 | 西谷优子 | 教授，法学研究生院，京都大学 | 伊娃线 | 英国国际法与比较法研究所（BIICL）比较法中心主任 |
| 医学研究与发展的跨学科研究：从“反公地悲剧”中拯救大流行紧急情况下的知识产权 | 前田武 | 神户大学法学研究科教授 | 罗伊·安德鲁·帕坦 | 阿伯丁大学（苏格兰）法学院教授 |

续表

| 项目名称 | 日本 | | 英国 | |
|---|---|---|---|---|
| | PI | 职务 | PI | 职务 |
| 使用连续调查和定量文本分析衡量 COVID-19 大流行期间的信任度及其差异 | 砂原洋介 | 神户大学法学研究科教授 | 史蒂夫·大卫·皮克林 | 伦敦布鲁内尔大学社会与政治科学高级讲师 |
| COVID-19 后内业国家牧区社会的比较研究：蒙古国和吉尔吉斯斯坦的案例研究 | 尾崎孝弘 | 教授，法学系，经济学系和人文系，鹿儿岛大学 | 阿里尔·利格姆 | 牛津大学地理与环境学院系讲师 |
| COVID-19 冲击：日本和英国劳动力市场和就业政策的连续性和变化性 | 鹤小太郎 | 庆应义塾大学商学教授 | 乔纳森·多尔斯 | 伦敦国王学院政治经济学系教授 |
| 可持续的文化未来：COVID-19 和重置文化政策 | 川岛信子 | 教授，经济学院，同志社大学 | 惠京 | 伦敦国王学院艺术与人文学院文化、媒体和创意产业系读者 |
| 创意合作：1780—1880 年京都和大阪的沙龙和网络 | 赤间亮 | 教授，文学学院，立命馆大学 | 矢野明子 | 大英博物馆亚洲部策展人 |
| 在 COVID-19 大流行过程中，从日本和英国儿童、年轻人和父母的心理健康挑战轨迹中学习：混合方法分析 | 森崎莱穗 | 主任，社会医学系，国家中心儿童健康与发展 | 西蒙娜·斯克里普考斯凯特 | 博士后研究员，牛津大学 实验心理学与精神病学 |
| 了解 COVID-19 期间 / 之后视频会议情况中的交叉签名现象 | 真美 | 国家信息学研究所信息与系统研究机构副教授 | 罗伯特·亚当 | 赫瑞瓦特大学语言与跨文化交流助理教授 |

（资料来源：International Joint Research Program | Japan Society for the Promotion of Science ）

表 7-5 展示了日本（JSPS）与瑞士于 2019 年开展的一系列合作研究计划。

表 7-5　2019JSPS 与瑞士开展的战略领域合作计划

| 项目名称 | 日本 | | 瑞士 | |
|---|---|---|---|---|
| | PI | 职务 | PI | 职务 |
| 干扰和力链 – 从生物组织到颗粒材料再返回 | 石原俊时 | 东京大学项目副教授 | 克里斯托弗 | 苏黎世大学教授 |
| SENSOR – SENsible 软件重构 | 龟井康孝 | 副教授，九州大学 | 巴沃塔·加布里埃勒 | 意大利瑞士大学（卢加诺大学）助理教授 |
| 亚洲高山地区的高海拔降水 | 藤田浩二 | 名古屋大学教授 | 弗朗西斯卡·佩里奇奥蒂 | 苏黎世瑞士联邦理工学院组长 |
| 通过研究微珠的驱动运动，软材料的尺度相关主动微流变学 | 沉爱美 | 教授，冲绳科学技术研究所研究生院 | 弗兰克·谢福德 | 弗里堡大学教授 |
| 使用先进的阴离子膜和双功能催化剂的单元化可逆燃料电池（URFC） | 诚 | 山梨大学教授 | 托马斯·J·施密特 | Paul Scherrer Institut 能源与环境研究部主管 |
| 可拉伸电液动力学 | 吾前田 | 芝浦工业大学副教授 | 赫伯特 | 瑞士洛桑联邦理工学院正教授 |
| 水热条件下生物质中硫的行为：催化过程的去除策略 | 松村由纪彦 | 广岛大学教授 | 弗雷德里克·沃格尔 | Paul Scherrer 研究所可再生能源教授 |
| 用于检测致癌基因启动子四链体 DNA 的基于卟啉的成像探针 | 正井久雄 | 主任，东京大学医科学研究所 | 山越洋子 | 瑞士联邦理工学院（苏黎世联邦理工学院）教授 |

（资料来源：International Joint Research Program | Japan Society for the Promotion of Science ）

JSPS 的另一主要功能便是培养本国的青年战略科学家。JSPS 相信，由研究人员自己的自由思想驱动的科学研究是产生新知识和创新源泉的催化剂。近年来，获得诺贝尔奖的日本科学家也证明了 JSPS 的科学研究资助（KAKENHI）在赋予他们独立挑战突破性研究的能力方面发挥的关键作用。2019 年吉野彰博士因其在锂离子电池方面的里程碑式工作而获得诺贝尔奖，他在 JSPS 和瑞典皇家工程院共同赞助的研讨会上谈到了自己的早期研究生涯，称大多数有资格获得诺贝尔奖的研究都是在研究人员年轻时进行的。为此，2019 年，JSPS 启动了一项名为“跨境博士后奖学金”的新计划，以支持在日本和海外从事具有挑战性研究的有才华的年轻研究人员。KAKENHI 计划为年轻研究人员提供了挑战令人兴奋的科学新前沿的机会。通过其研究奖学金，JSPS 为优秀的年轻研究人员提供了专注于工作的机会，并通过国际经验磨炼他们的技能。与此同时，JSPS 正在重新调整其 KAKENHI 计划，以进一步加强对年轻研究人员的资助。2020 年，JSPS 进入了其第四个中期计划和目标的第三年，该计划于 2018 年 4 月启动。在这个框架内，JSPS 继续以符合研究人员需求的方式实施其计划，以支持青年科学家大胆突破新知识、进行开拓的研究活动。

3. 欧洲主要国家战略科技人才政策

（1）英国的战略科技人才政策

英国政府于 2000 年推出《卓越与机遇：21 世纪的科学和创新政策》白皮书，全面阐述了英国面向 21 世纪的科学和创新政策，并面向这些国家需求，重点讨论了如何通过政府、科研机构、大学与企业的密切合作和创新协同，以及如何构建适合人才成长发展的科研创新环境和科技创新体制，从而发挥人才在知识积累和技术创新中的重要作用。此外，英国非常重视领军科技创新人才的引进工作。作为非移民国家典型代表，英国推出“杰出人才签证”网罗顶尖人才。从 2011 年 8 月起在第一类签证中增加了 1000 名杰出人才签证，吸引科学、人文、工程和艺术等重点领域的国际级领军人才前往英国发展。

（2）法国的战略科技人才政策

继 2009 年《法国研究与创新战略》（*National Research and Innovation Strategy*）出台后，法国为确保世界一流科研大国的地位，在 2015 年发布第二个国家科研战略——《法国－欧洲 2020》（*French-Europe* 2020），该战略确定了 10 大应对法国社会挑战的优先科研方向和 5 大行动计划，其中重点提出培养大数据管理与数据分析、创新解决气候问题、系统生物学的认知与应用、个性化医疗、服务公共政策的人类行为研究等领域的专业人才。

（3）德国的战略科技人才政策

德国对人才的战略性关注始于20世纪70年代。这一时期德国推出了针对中学生和大学生的《联邦教育与培训援助法案》(*Federal Education and Training Assistance Act*)，以资助本国的青年人才接受各类教育培训。进入21世纪，德国越来越意识到高科技领域的战略科技人才对于本国创新发展的重要意义。2006年德国政府推出了《德国高技术战略》，并强调了如何通过本国人才培训和吸引外国人才来提高德国科研水平，加强专业技术人才队伍的建设。2010年，德国推出《思想，创新，繁荣：2020年德国高技术战略》，进一步指出国际人才对于本国未来发展的战略地位。2018年6月和8月德国又分别发布了《2018德国研究与创新报告》以及《高技术战略2025计划》，这些文件纷纷指明了高技术尤其是关键领域的科学技术人才对于德国通过创新与研究成功塑造未来的积极作用。

### 7.3.2 中外战略科技人才培养现状

1. 战略科技人才培养规模

从我国战略科技人才培养的历程来看，我国的科技人才培育工作取得了很大发展，人才队伍的规模不断扩大、人才素质不断提高、人才队伍整体实力持续增强、创新人才服务体系逐步健全。仅从专业技术人才队伍建设来看，依据人社部2014年数据，规模方面，我国专业技术人才总量已达到5550多万人，五年来新增专业技术人才达到860万人，取得专业技术职业资格人员945.2万人，博士后研究人员6万人，留学归国人员达到105.6万人，两院院士1527人。有突出贡献的中青年专家5600多人，享受国务院政府特殊津贴专家16.7万人，“国家百千万人才工程”入选者4500多人；创新能力提升方面，每万名劳动力中研发人员已达到42.3人/年 。发明专利授权量、国际科学论文被引用数均居世界前列。依据中华人民共和国科学技术部于2017年4月13日发布的《“十三五”国家科技人才发展规划》的最新数据，“十二五”期间，我国科学技术人力资源总量超过7100万，其中研究与发展（R&D）人员总量 535 万（折合全时当量为 371 万人 / 年），均跃居世界第 1 位；“十二五”期间回国人才超过 110 万人，是前 30 年回国人数的 3 倍。

（1）我国战略科技人才资源储备上的总量优势

从科技人才储备的国际比较来看，国际上通常以 R&D 人员指标比较各国科技人才情况，我国 R&D 研究人员总量（全时当量）在 2010 年超过美国之后，一直位列世界第一，2018 年达到 186.6 万人 / 年。依据《中国科技人才发展报告（2020）》，“十三五”期间，我国 R&D 人员全时当量快速增长，年均增速超过 7%，从 2016 年的 387.8 万人 / 年，增至 2020 年的 509.2 万人 / 年，连续多年居世界第一。

从表面上看，我国科技人力资源规模已位居世界第一，具有非常丰富的战略科技人才培养的储备基础。但是，也需看到，我国战略性创新人才队伍存在着人才队伍结构性矛盾，高端人才比例不足，人才队伍的国际影响力不足等问题。仍以 R&D 研究人员的数据为例，若考察 R&D 人员的组织结构可以看到，2018 年我国 R&D 人员总量虽达到 186.6 万人 / 年，但高校 R&D 人员和高校 R&D 研究人员总量仅占我国 R&D 人员和研究人员的 9% 和 19%，也就是说我国高校 R&D 人员数量尚不到美国的 1/2。同时若考察 R&D 研究人员的密度，可以看到与发达国家的差距仍然显著。2018 年，我国 R&D 研究人员密度为 24.1 人 / 年，远远落后于美国的 92.3 人 / 年，仅为韩国的 1/6，以及法国、日本、德国与英国的 1/4 以下。

（2）我国战略科技人才未来竞争储备的比较优势

工程科技人才的培养人数也是考察当下战略科技人才总量，尤其是战略科技人才储备基础的关键指标。工程科技人才的培养人数奠定了战略科技人力资源总量上的规模基础，其构成了我国在未来人才竞争中的比较优势，奠定了为我国未来战略科技人才输送的智力支撑地位。如表 7–6 所示，比较世界主要国家本科工程科技人才的总数与占比，可以看到，在战略科技人才的资源储备总量上，我国仍占据明显优势，其中，2017 年我国普通高校工科专业招生数、在校生数、毕业生数比紧随其后的俄罗斯、美国等国高出

3—5倍。但若比较结构，可以看到，本科工程科技人才，比例最高的是日本（55.84%），博士占比最高的法国、以色列均超过了70%。我国获得工程科技专业学士学位的人才总数占我国学士学位人才总数的48.4%，工程科技专业博士占比63.56%，与上述科技强国相比，仍具有一定差距。

表7-6 主要国家（或地区、经济体）获得工程科技学士学位、博士学位的毕业生人数及比例

| 国家 | 工程科技专业本科毕业生总数（人） | 本科生占所在国家（地区）毕业生总数比例（%） | 博士毕业生总数（人） | 博士占所在国家（地区）毕业生总数比例（%） |
|---|---|---|---|---|
| 中国 | 1 653 565 | 48.44 | 53 653 | 63.56 |
| 美国 | 741 763 | 39.23 | 67 591 | 58.93 |
| 以色列 | 23 787 | 46.77 | 1 546 | 71.99 |
| 日本 | 315 812 | 55.84 | 15 045 | 44.82 |
| 韩国 | 134 761 | 40.91 | 12 931 | 46.65 |
| 法国 | 115 039 | 35.09 | 13 729 | 73.01 |
| 德国 | 156 601 | 41.77 | 28 147 | 51.96 |
| 英国 | 180 340 | 40.60 | 25 020 | 57.04 |

[资料来源：2018美国国家科学委员会（National Science Board）“科学与工程指标”]

（3）我国在吸引、培养和吸纳海外战略科技人才上仍存在差距

美国高校的高层次工程科技人才中，外籍留学生的占比较高。依据美国国家科学委员会的最新数据，10年来，美国授予的工程学博士中，外籍留学生占比一直保持在50%—60%。75%以上在美国获得自然科学和工程学博士学位的博士为外籍，其中外籍博士的42%和31%分别就读于自然科学和工程学学科。这说明美国在对世界各地优质科技人力资源的吸引力上一直占据优势。相比较，我国在高质量的科技人才吸引力上处于劣势。依据德科集团、欧洲工商管理学院（INSEAD）等联合发布的“2018全球人才竞争力指数

（2018GTCI）”，我国排在 119 个国家中的第 43 位，其中在人才培养（第 29 位）和全球知识技能排名（第 22 位）中表现尚可，而在人才吸引力排名（第 76 位）和全球优秀人才保留排名（第 64 位）方面仍处于劣势。

此外，战略科技人才培养规模上战略领军人才匮乏的现象突出，即缺乏世界前沿领域的领军人才，缺乏关键核心“卡脖子”领域的战略性人才，缺乏能够担重任的各行业领袖人才，缺乏能够引领本领域拔尖人才梯队建设的世界级大师。

2. 战略科技人才培养质量

本部分主要从科技人才的产出上综合比较各国战略科技人才的培养质量。具体而言，从科技创新产出的总量、产出的质量与国际影响力等方面进行考察。

（1）产出的体量优势

依据世界知识产权组织（World Intellectual Property Organization, WIPO）发布的 2020 全球创新指数（Global Innovation Index, GII），我国连续第二年保持全球第 14 位，是创新指数排名前 30 的国家中唯一上榜的中等收入经济体。从近年来我国在科研论文、专利申请等科技创新的产出上也可见一二。如表 7–7、表 7–8 所示，我国自 2016 年在发表文章总量上已经超过美国，居世界首位，无论是科技论文的发表总数还是专利的申请量，我国均表现出明显的体量优势。

表 7–7　世界主要科技强国在自然学与工程学学科的发文量

单位：篇

| 年份 | 2009 | 2010 | 2011 | 2012 | 2013 | 2014 | 2015 | 2016 |
|---|---|---|---|---|---|---|---|---|
| 世界 | 1 861 148.0 | 1 958 948.0 | 2 070 735.0 | 2 137 315.0 | 2 217 046.0 | 2 300 684.0 | 2 305 909.0 | 2 295 608.0 |
| 中国 | 290 330.2 | 316 915.3 | 334 045.0 | 332 082.1 | 362 972.9 | 393 962.7 | 411 268.1 | 426 165.3 |
| 印度 | 54 667.1 | 62 790.2 | 75 337.3 | 82 182.2 | 88 942.4 | 100 574.8 | 106 663.4 | 110 319.6 |
| 日本 | 108 237.4 | 108 292.4 | 110 570.0 | 109 424.5 | 109 257.9 | 106 154.6 | 99 812.4 | 96 536.2 |

续表

| 年份 | 2009 | 2010 | 2011 | 2012 | 2013 | 2014 | 2015 | 2016 |
|---|---|---|---|---|---|---|---|---|
| 美国 | 398 871.1 | 409 853.3 | 424 938.0 | 432 311.5 | 435 212.0 | 440 229.7 | 429 139.0 | 408 985.3 |
| 以色列 | 11 270.8 | 11 014.4 | 11 414.9 | 11 916.3 | 11 749.8 | 12 265.8 | 12 216.4 | 11 892.7 |
| 德国 | 95 033.3 | 97 179.4 | 100 879.4 | 105 373.5 | 105 377.5 | 109 262.0 | 105 754.9 | 103 121.9 |
| 欧盟 | 553 592.6 | 568 066.4 | 593 001.6 | 619 018.4 | 632 208.9 | 646 622.7 | 635 063.2 | 613 774.4 |

表 7-8　按地区、国家或经济体划分的 USPTO 专利授权量

单位：项

| 年份 | 2007 | 2008 | 2009 | 2010 | 2011 | 2012 | 2013 | 2014 | 2015 | 2016 |
|---|---|---|---|---|---|---|---|---|---|---|
| 世界 | 157 331 | 157 788 | 167 463 | 219 848 | 224 871 | 253 624 | 278 517 | 301 643 | 299 382 | 304 126 |
| 美国 | 79 192 | 77 195 | 81 986 | 107 206 | 108 092 | 120 451 | 133 135 | 144 008 | 140 498 | 143 190 |
| 中国 | 1 203 | 1 617 | 2 054 | 3 222 | 3 730 | 5 373 | 6 695 | 8 137 | 9 026 | 11 449 |
| 印度 | 566 | 651 | 709 | 1 144 | 1 277 | 1 756 | 2 456 | 3 073 | 3 456 | 3 767 |
| 日本 | 33 399 | 33 710 | 35 548 | 44 978 | 46 337 | 50 897 | 52 271 | 54 318 | 52 809 | 50 169 |
| 以色列 | 1 111 | 1 183 | 1 410 | 1 839 | 1 976 | 2 482 | 3 008 | 3 486 | 3 632 | 3 713 |

（资料来源：Science-Metrix; PatentsView and USPTO patent data, accessed April 2017）

（2）国际话语权有待提高

产出的引用数不仅体现了产出的质量水平，以及创新产品的影响力与国际话语权。美国国家科学委员会使用高引用文章（HCA, Highly Cited Articles）来表征产出的影响力。一国的 HCA 得分是来自该国的作者发表的世界前 1% 高引用文章占该国全部文章的比例。HCA 得分为 1，说明该国达到世界平均标准，即有 1% 的文章为世界前 1% 引用的文章。从表 7-9 可以看到，近年来，我国虽在 HCA 得分上增速显著，但是直到 2014 年 HCA 得分才达到世界平均标准（HCA 得分才超过 1）。而同年，美国和以色列的 HCA 指数分别达到了 1.90 和 2.06，统计数据显示（见图 7-2），2010—2015 年在科学与工程领域前 1% 最多引用的文章中，我国所占份额指数明显落后于美国、以色列

等世界科技强国。根据科睿唯安（Clarivate, Highly Cited Researchers）最新发布的2021年度全球“高被引科学家”名单，来自全球70多个国家和地区的6602名科学家入选，其中，美国入选人次排名第一（2622人次），占名单总数的39.7%，中国内地排名第二（935人次），占比14.2%。与我国的产出体量优势相比，我国在科研产出的影响力，即国际话语权上仍有待提高。

表7-9　世界主要科技强国在自然学与工程学学科1%最高引用份额数

| 年份 | 2007 | 2008 | 2009 | 2010 | 2011 | 2012 | 2013 | 2014 |
|---|---|---|---|---|---|---|---|---|
| 中国 | 0.55 | 0.56 | 0.60 | 0.64 | 0.73 | 0.85 | 0.94 | 1.01 |
| 印度 | 0.68 | 0.67 | 0.65 | 0.60 | 0.58 | 0.59 | 0.61 | 0.61 |
| 日本 | 0.67 | 0.65 | 0.68 | 0.68 | 0.72 | 0.72 | 0.76 | 0.78 |
| 美国 | 1.83 | 1.90 | 1.93 | 1.96 | 1.97 | 1.95 | 1.93 | 1.90 |
| 以色列 | 1.35 | 1.66 | 1.70 | 1.93 | 1.96 | 1.78 | 1.89 | 2.06 |

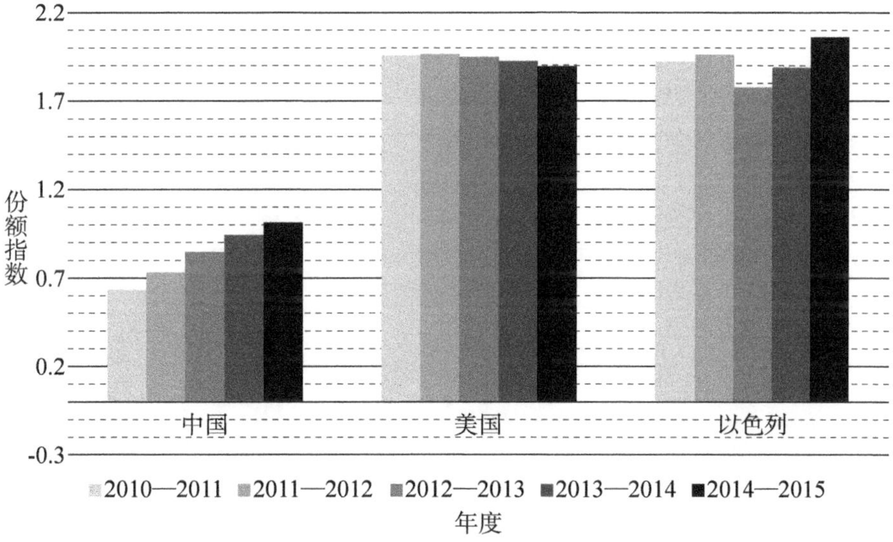


图7-2　2010—2015年科学工程类前1%最多引用份额指数

（资料来源：根据SRI International; Science-Metrix; Elsevier, Scopus abstract and citation database数据库整理）

（3）关键核心领域布局不足

总结来看，尽管我国已经连续第 7 年在中等收入经济体中保持创新质量的提升，但与发达国家经济体之间的差距依然明显，从创新大国向高质量创新强国的发展依旧“道阻且长”。尤其应注意到，我国虽在专利申请、科学论文发表总数上名列前茅，但在专利发明的国际化程度（居全球第 27 位）以及科学论文的引用量（以 H-index 指数衡量，居全球第 13 位）方面，与美国、德国、日本、瑞士、以色列等创新强国差距明显。在芯片、航空发动机、基因技术等关键核心领域，更是面临被“卡脖子”的严峻挑战。

从 NSF 官方对工程科技论文发文的分学科统计上可以进一步看出，在发文影响力上，我国虽在计算机和信息科学、工程学上的影响力占据明显优势，但与美国在健康科学、生物科学和医学、地球和大气科学的影响力相比差距尤其明显（见图 7-3）。在计算机和信息科学学科，美国科研产出低于世界平均的 30%，但影响力是世界平均的 2 倍多。

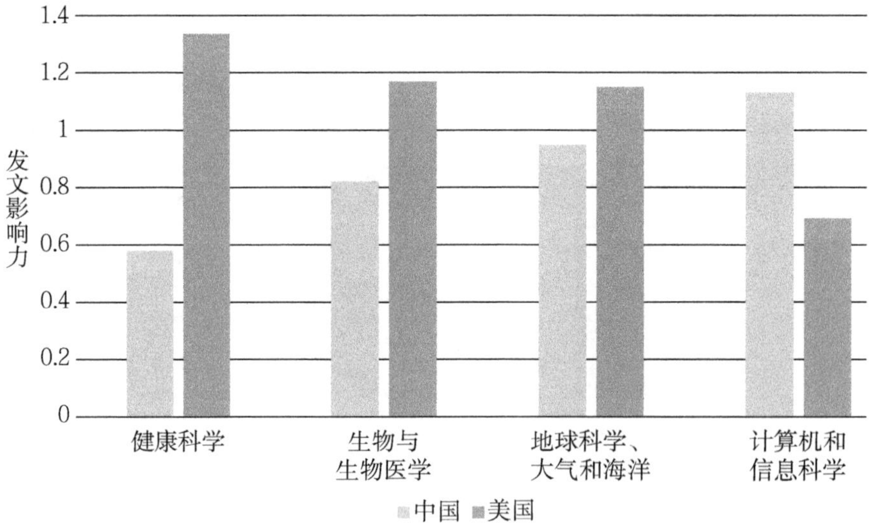


图 7-3　关键学科领域中美影响力差距

（资料来源：根据 SRI International; Science-Metrix; Elsevier, Scopus abstract and citation database 数据库整理）

从图 7–4 可以进一步看到，在生命科学领域美国的领先优势与其长期以来对这一领域人才培养的重视与前沿布局息息相关。图 7–4 显示了 30 年来，在各关键学科领域上美国的博士生招生规模与结构。其中，生命科学领域一直是美国关注的重点。

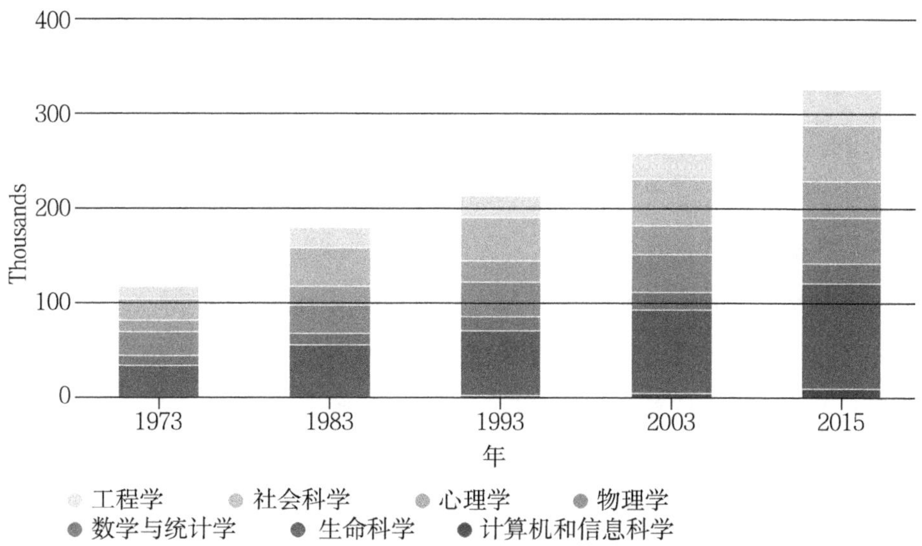


图 7–4　美国在战略科技领域上的前沿布局

[资料来源：National Science Foundation, National Center for Science and Engineering Statistics, special tabulations (2017) of the 1973 - 2015 Survey of Doctorate Recipients]

近年来，我国也开始意识到在关键核心领域上战略科技人才培育的结构性问题。2018 年 11 月，我国发布《战略性新兴产业分类（2018）》报告，列出影响未来发展的战略性新兴产业，涵盖新一代信息技术、高端装备制造业、新材料、生物技术、新能源等领域，国际竞争的“赛道”已悄然升级。我国在“十四五”规划中，首次将强化战略科技力量作为坚持创新驱动发展的重中之重，并公布了“人工智能、量子信息、集成电路、生命健康、脑科学、生物育种、空天科技、深地深海”等科技前沿领域，明确了国家重大平台的战略导向型、应用支撑型、前瞻引领型和民生改善型等特征，强调“注重依托重大科技任务和重大创新基地培养发现人才”。2020 年 5 月教育部提出建立新型学院——未来技术学院，并在《未来技术学院建设指南（试行）》中明确指出，要加强对未来科技发展趋势研判，瞄准未来 10—15 年的前沿性、革命性、颠覆性技术发展，培养未来科技创新领军人才。

从根本上讲，各国在世界科技、经济体系中关键领域的竞争，其背后是具有国际视野的高、精、尖复合型科技研发和创新人才的比拼。当前国际形势下，科技创新人才尤其是战略性科技人才作为科技创新事业的基础和引擎，是赢得国际竞争优势的关键。以美国、英国、德国和日本为首的科技创新大国无一不是科技人才大国，美国能够长时间保持世界第一强国的地位，正是由于其拥有了世界上最多的创新人才储备。“二战”后的德国与日本的经济奇迹，以及以色列的科技大发展，都与其建设全球人才高地有着直接而紧密的关联。300 万犹太人向以色列转移形成了以色列的高端人才基础，日本与德国高端人才的保留与培养使得二者可以在一片废墟之上迅速建立起发达完善的全新国家。

人才队伍的规模不断扩大、人才素质不断提高、人才队伍整体实力持续增强、创新人才服务体系逐步健全。从规模上看，我国科技人力资源规模已位居世界第一，具有非常丰富的战略人才培养的储备基础。但是，也需看到，战略人才力量总体上存在着战略领军人才匮乏的现象，即缺乏世界前沿领域的领军人才，缺乏关键核心“卡脖子”领域的战略性人才，缺乏能够勇担重任的各行业领袖人才，缺乏能够引领本领域拔尖人才梯队建设的世界级大师。

究其原因，主要体现在如下几个方面。第一，战略领军人才培养储备不足，缺乏能够引领关键核心技术领域突围的领军科技人才。例如，从基础研究原始创新产出来看，全球“高被引科学家”名单中我国排名世界第二，但从绝对数量上看，高被引人次总量不足美国的 1/4。《中国科技人力资源发展研究报告》指出，当下 63.0% 的高校和 54.8% 的科研院所科技人员提出所在团队和领域缺少领军高层次人才。第二，缺乏战略人才培养的长期视野和长期支撑。一方面，对相关人才和项目前瞻性规划和布局不足，未能聚焦一批比较优势领域、关键核心领域进行提前布局，形成重点支持的攻关技术联动；另一方面，未能形成相关领域长期稳定的资金支持、人员团队保障等支持保障机制。第三，重点实验室等战略科技人才的团队化培养能力不足、难以形成聚合国家力量的战略平台。目前，以国家重点实验室为代表的部分国家重大创新平台仍存在规模偏小、组织松散、承担国家重大任务能力不足等问题，在定位、组织模式、攻关方向、技术领先优势等方面均难以形成国家战略支撑力量。第四，当下对战略人才的遴选、培育和引进，仍采取单点突破、单向激励等传统模式，未能以体系化、生态化的系统思维进行总体统筹，未能形成面向高质量发展需求的资金链、人才链、产业链、创新链的融通与对接。

## 7.4　国家战略人才力量的建设机制

### 7.4.1　科技强国的经验启示

上一节中的主要科技强国经验给我国建设战略人才力量提供了若干启示。

一是加强战略人才力量培育顶层设计。由科技部、教育部、人社部、财政部等相关部委联合组成战略人才工作领导小组，设立国家战略人才引育专项资金，优先保障战略人才及其团队的引进和事业发展费用，推进战略人才开展跨界融合创新和国际合作创新。引导各省市建设战略人才风采馆，展示战略人才科技成果。安排专门的战略人才联络员，强化定期联络服务。统筹布局战略性人才重点引育领域。引导各省市聚焦国家战略需求和战略目标，针对地方有基础、有优势、能突破的重点领域，包括生命科学与生物医药、集成电路与计算科学、脑科学与人工智能、航空航天、船舶与海洋工程、智能网联车路协同、高端装备与智能制造、新能源、新材料、物联网等，强化与国内外战略科技人才合作，构建一批国际性研发中心、科技创新中心等。

二是探索构建战略人才与团队的培养和引进体系。明确战略人才培养中的战略导向、国际导向、未来产业导向以及创新协同导向，以整合式创新思维为引领，以科研与教育资源的供给、协同、调整与重组为核心，探索构建战略性人才的培养体系。加强国际科技交流与合作，通过健全高端人才引进战略来实现战略性人才的全球获取，不仅要关注科研环境、设施设备、评价激励等“硬”条件的建设，更应重视打造积极开放、大气包容、平等沟通的科研“软”环境。

三是积极建设战略人才协同创新高端平台。鼓励各个省市在国家和省级重点实验室等创新载体基础上，强化在人工智能、5G 芯片、先进制造、生物医药、现代农业等新技术含量较高的领域搭建一批跨界融合创新研发平台。鼓励各省市开展重点领域重大科学技术和工程问题协同攻关。鼓励各类战略人才设立海外创新研究机构、海外院士工作站或科学家工作站，通过远程在线指导、离岸创新孵化等多种方式共享全球智力资源，打造跨境协同创新和成果转化平台，创造性地开发使用海外战略人才资源。推进战略人才高端智库建设。对于有较大影响力和国际知名度的高端新型智库，优先保障充足便捷的科研场地，不受行政级别、事业编制、岗位设置、工资总额限制。充分发挥战略人才的创新领军作用，关注前沿学科与战略性新兴产业领域发展，对重要研究领域、研究计划和研究机构的学术问题进行评议和指导。鼓励各省市成立战略性新兴产业发展规划咨询专家委员会，安排专项经费，对战略人才领衔的高端新型智库建设进行立项支持，深化战略人才协同创新合作交流平台建设。

四是健全战略人才作用发挥长效机制。实施战略人才全权负责制，发挥战略人才主体能动作用，对战略科技人才实施“量身定制，一人一策”的绿色通道，赋予战略人才用人权、用财权、用物权和技术路线决定权、内部机构设置权。探索建立战略人才计划的社会化管理制度，政府部门主要负责人才计划的规划研究、评估监管，充分发挥社会和市场作用，形成公开、透明、高效的人才资助机制。

五是优化保障战略人才发展生态环境。完善战略性人才落户绿色通道。优先推荐战略人才及其直系亲属、核心团队成员及其直系亲属申办加入、恢复中国国籍和获得外国人永久居留证。综合发挥用人单位、各级政府、行业主管部门等多方作用，实施战略科技人才安居工程，采取购房补贴、租房补贴、人才公寓等多种形式系统解决战略人才在中国工作期间的长期稳定居住需求。完善医疗服务及家属待遇。统筹建立国际化的人才医疗服务保障体系，畅通战略人才就医“绿色通道”。设立战略人才定点医院，建立战略人才健康档案，优先给战略人才配备家庭医生。允许战略人才及其核心团队成员使用支持资金购买商业养老和商业医疗保险，战略人才及其核心团队成员的配偶，参照享受商业医疗保险待遇。优先保障战略人才及其核心团队成员的子女在义务教育阶段的就读需求。

### 7.4.2　优化建设机制

党的十八大以来，党中央作出人才是实现民族振兴、赢得国际竞争主动的战略资源的重大判断，作出全方位培养、引进、使用人才的重大部署，推动新时代人才工作取得历史性成就、发生历史性变革。从我国战略人才培养的历程来看，我国的战略人才培育工作取得了很大发展。然而，也存在一些不相适应、针对性不够强的问题。就国家战略人才力量中提到的四类人而言，需要有更能匹配的机制来支持，促进国家战略人才力量往更强、更宏大的方向发展。

（1）战略科学家。坚持实践标准，在国家重大科技任务担纲领衔者中发现具有深厚科学素养、长期奋战在科研第一线，视野开阔，前瞻性判断力、跨学科理解能力、大兵团作战组织领导能力强的科学家。要坚持长远眼光，有意识地发现和培养更多具有战略科学家潜质的高层次复合型人才，形成战略科学家成长梯队。

（2）一流科技领军人才和创新团队。建立“卡脖子”关键核心技术攻关人才特殊调配机制，制订实施专项行动计划，跨部门、跨地区、跨行业、跨体制调集领军人才，组建攻坚团队。发挥国家实验室、国家科研机构、高水平研究型大学、科技领军企业的国家队作用，加速集聚、重点支持一流科技领军人才和创新团队。围绕国家重点领域、重点产业，组织产学研协同攻关，在重大科研任务中培养人才。优化领军人才发现机制和项目团队遴选机制，探索新的项目组织方式，对领军人才实行人才梯队配套、科研条件配套、管理机制配套的特殊政策，加快“卡脖子”关键核心技术突破。

（3）青年科技人才。我国青年科技人才存在担纲机会少、成长通道窄、生活压力大等问题。青年人才把精力过多投入职称评审、项目申报、“帽子”竞争上，在薪酬待遇、住房、子女入学等方面还存在不少实际困难。要把培育国家战略人才力量的政策重心放在青年科技人才上，给予青年人才更多的信任、更好的帮助、更有力的支持，支持青年人才挑大梁、当主角。各类人才培养引进支持计划要向青年人才倾斜，扩大支持规模，优化支持方式。要重视解决青年科技人才面临的实际困难，让青年科技人才安身、安心、安业。要完善优秀青年人才全链条培养制度，组织实施高校优秀毕业生接续培养计划，从高校、科研院所、企业遴选高水平导师，赋予高端人才培养任务。为造就规模宏大的青年科技人才队伍提供足够支撑。

（4）卓越工程师。制造业是我国的立国之本、强国之基。我国是世界上唯一拥有全部工业门类的国家，然而我国制造业总体上仍处于全球价值链的中低端，许多产业面临工程师数量不足、质量不高问题。要探索形成中国特色、世界水平的工程师培养体系，努力建设一支爱党报国、敬业奉献、具有突出技术创新能力、善于解决复杂工程问题的工程师队伍。

随着我国社会经济发展模式的变革，经济增长与社会进步的核心动力已由工业经济时代大量消耗原材料、能源和初级劳动力为代价转向以创新性技术与颠覆性知识的创造与聚合为支柱。在此背景下，更需要关注科学发现、技术突破与创新型人才获得等重要命题，而这些重要命题的共性基础就是国家战略人才力量建设。为此，进一步加快全方位培养、引进、使用人才，实现由人口大国向人才强国的转变，是以习近平同志为核心的党中央站在党和国家事业发展全局的高度作出的重大战略部署，也是实现我国奋斗发展目标的必由之路。

# 第八章

# 创新联合体

随着国际形势和科技发展趋势产生前所未有的新变化，一个国家在科技关键领域的话语权和创新主导权，尤其是以国家战略科技力量为代表的科技综合力量，在当前和今后的国际竞争格局中有着举足轻重的“杀手锏”地位①。习近平总书记在2021年两院院士大会、中国科协第十次全国代表大会上的讲话中指出，把科技自立自强作为国家发展的战略支撑②。“十四五”规划也突出强调要以国家战略性需求为导向推进创新体系优化组合，加快构建以国家实验室为引领的战略科技力量。在此背景下必须从国家层面和战略高度上加强对科技创新资源的优化配置，并在基础科学研究布局、关键核心技术突破、创新人才队伍建设等方面依靠中国特色制度优势和组织模式创新，实现从“追赶”到“超越追赶”的强国路径根本性转型③④。为此，必须重视国家战略科技力量的建设和组织，突破我国当前科技创新面临的重要“瓶颈”，如对外依赖性高、缺乏有效组织、国家与市场定位不明确、高端自主科研能力弱等⑤，真正支撑高水平科技自立自强。

与此同时，创新联合体是促进产学研协同和科技创新成果转化的有效途径和组织模式⑥⑦，但传统的创新联合体以松散耦合、市场化驱动和经济利益导向为主，不仅难以有效支撑关键核心技术“卡脖子”问题的解决，更难以承担国家重大使命。习近平总书记在2021年两院院士大会、中国科协第十次全国代表大会上指出，要“加快构建龙头企业牵头、高校院所支撑、各创新主

---

① 尹西明，陈劲，贾宝余．高水平科技自立自强视角下国家战略科技力量的突出特征与强化路径［J］．中国科技论坛，2021（09）：1–9．

② 两院院士大会中国科协第十次全国代表大会在京召开［N］．人民日报，2021–05–29（1）．

③ 吴晓波，余璐，雷李楠．超越追赶：范式转变期的创新战略［J］．管理工程学报，2020，34（1）：1–8．

④ CHEN J，YIN X，FU X，et al．Beyond Catch–up: Could China Become the Global Innovation Powerhouse? China’s Innovation Progress and Challenges From a Holistic Innovation Perspective［J］．Industrial and Corporate Change，2021，30（4）．

⑤ 陈劲，尹西明．中国科技创新与发展2035展望［J］．科学与管理，2019，39（01）：1–7．

⑥ 白京羽，刘中全，王颖婕．基于博弈论的创新联合体动力机制研究［J］．科研管理，2020，41（10）：105–113．

⑦ 郭菊娥，王梦迪，冷奥琳．企业布局搭建创新联合体重塑创新生态的机理与路径研究［J］．西安交通大学学报（社会科学版），2022，42（01）：76–84．

体相互协同的创新联合体，发展高效强大的共性技术供给体系，提高科技成果转移转化成效”[①]。陈劲、尹西明等学者基于当今全球创新研究范式变革、中华优秀传统文化和中国特色创新实践所提出的整合式创新理论[②③]，认为当今世界科技活动日趋全球化，科技创新竞争日益从点的突破迈向基于系统的整体性突破，中国的科技创新必须超越过度开放和封闭自主的二元思维，应用系统观和整体观，迈向使命导向、战略视野引领下多元主体基于自主的开放协同，从而全面提升国家创新体系效能[④]。对此，当下和未来亟须关注如何应用国家创新系统观和整合式创新理论[⑤]，强化国家战略科技力量体系化布局[⑥⑦]，加快建设和培育以国家战略科技力量为核心牵引、多元创新主体高效协同的高能级创新联合体。

在此背景下，本章从整合式创新理论和使命驱动型政策设计思想[⑧]出发，结合中国特色创新联合体建设的政策和管理实践，提出面向高水平科技自立自强的创新联合体，即由国家战略科技力量牵引、多元主体协同整合而成的高能级创新组织形态，即高能级创新联合体，为学术界和政策界关注和研究高能级创新联合体如何能够更好地立足高水平科技自立自强，发挥“有组织的科研”[⑨⑩]优势，促进国家战略科技力量体系化布局和整合式创新提供理论启

---

① 两院院士大会中国科协第十次全国代表大会在京召开［N］. 人民日报，2021-05-29（1）.

② 尹西明，陈劲. 科技自立自强与新型国家创新体系建设［J］. 群言，2021（08）：15-18 .

③ 陈劲，尹西明，梅亮. 整合式创新：基于东方智慧的新兴创新范式［J］. 技术经济，2017，36（12）：1-10+29 .

④ 陈劲，尹西明，梅亮. 整合式创新：基于东方智慧的新兴创新范式［J］. 技术经济，2017，36（12）：1-10+29.

⑤ 尹西明，陈劲，等. 科技自立自强视角下国内外学术创业研究进展与展望［J］. 信息与管理研究，2021，6（06）：40-58 .

⑥ 肖小溪，李晓轩. 关于国家战略科技力量概念及特征的研究［J］. 中国科技论坛，2021（03）：1-7 .

⑦ 白光祖，曹晓阳. 关于强化国家战略科技力量体系化布局的思考［J］. 中国科学院院刊，2021，36（05）：523-532 .

⑧ 张学文，陈劲. 使命驱动型创新：源起、依据、政策逻辑与基本标准［J］. 科学学与科学技术管理，2019，40（10）：3-13.

⑨ 史蒂夫 · C. 柯拉尔，埃德 · 弗朗汉姆，萨拉 · 简森 · 佩里，等. 有组织的创新：美国繁荣复兴之蓝图［M］. 陈劲，尹西明，译. 北京：清华大学出版社，2017.

⑩ 万劲波，张凤，潘教峰. 开展“有组织的基础研究”：任务布局与战略科技力量［J］. 中国科学院院刊，2021，36（12）：1404-1412.

示和科学决策支撑。

## 8.1 高能级创新联合体的内涵、构成与特征

### 8.1.1 传统创新联合体的内涵、构成与特征

创新联合体在我国作为一个较新的概念，其内涵与特征还处于探索阶段，不同学者进行了多个角度的阐述。例如，马宗国等针对研究联合体的产业根植性特征，探讨了研究联合体视角下国家自主创新示范区创新生态系统升级的路径[①]。吴晓波等以半导体产业为例，指出创新联合体是后发企业在中国情境下重构产业分工体系的可行路径[②]。通过整合产业链上下游相关企业，后发企业可以组建高效协同的创新联合体，在集聚产业创新要素的基础上，直接为目标客户群体提供高质量产品或服务，从而实现“后发制人”与“后来居上”。白京羽等将创新联合体与传统意义上的产业联盟进行对比，指出创新联合体的一大特征在于其具有实体组织或机构，并强调应该由行业内的企业通过主动整合其他科技创新资源，实现共同研发与成果共享[③]。刘戒骄等从如何攻克关键核心技术的角度，提出关键核心技术领域的创新不同于传统意义上的科研，需要由具有号召力的科技创新主体组织多方资源，以创新联合体的形式实现全面协同的科研[④]。

从构成主体来看，一般创新联合体包括企业、政府相关部门、研究型大学、科研机构等几大主体。从合作机制上来说，一般以深度产学研体系为基础，争取打造贯通融合的“政产学研用”体系，在市场需求驱动的模式下，

---

① 马宗国．中小企业研究联合体自主创新能力提升路径研究［J］．科研管理，2019，40（03）：51-62．

② 吴晓波，张馨月，沈华杰．商业模式创新视角下我国半导体产业“突围”之路［J］．管理世界，2021，37（03）：123-136+9．

③ 白京羽，刘中全，王颖婕．基于博弈论的创新联合体动力机制研究［J］．科研管理，2020，41（10）：105-113．

④ 刘戒骄，方莹莹，王文娜．科技创新新型举国体制：实践逻辑与关键要义［J］．北京工业大学学报（社会科学版），2021，21（5）：89-101．

同时实现核心技术的突破和市场化应用的推出。在作用机制上，创新联合体强调企业的主导地位，目的是真正实现市场配置资源的导向，实现从传统“自上而下”到“自下而上”的组织模式转变，将科技突破与市场经济发展有机融合，搭建从原始技术到商用产品或服务的一体化通道。

近几年，国内学者对创新联合体的关注逐渐增多，其根本原因在于创新联合体能够打破各个创新主体各自为战的局面，将科学技术发展与产业实际需求实现有效整合，从而优化各个行业内的创新资源配置，有效促进产学研协同创新和科技成果转化。尤其是在面向市场化和需求驱动的科技创新与产业化方面，创新联合体能够解决传统产学研合作面临的多元主体激励不相容、收益分配制度不合理、创新主体积极性不高等问题，是市场驱动型创新模式下更为有效的科技创新载体，也是促进高校、企业和区域创新体系有机融合的高效路径[①②]。

但是，现有研究忽略了科技自立自强视角下创新联合体建设的新使命、新内涵与新特征。尤其是进入新发展阶段之后，创新联合体的建设不应止步于推动一般的协同创新和科技成果转化，还需顺应我国当前高水平科技自立自强的国家战略对建设高能级创新联合体、全面强化国家战略科技力量的新要求[③④]。因此，需要将创新联合体的引领主体提升至国家战略科技力量的层次，使其成为在建设面向未来的科技创新强国过程中，真正连接并强化国家战略科技力量协同效能、加快原始性创新和突破关键核心技术“卡脖子”问题的重要载体。尤其是为实现国家创新体系建设从“模仿－追赶”模式到引领性创新的根本转型，需要由科技领军企业主导、着重打造与传统创新联合体有根本区别的“高能级创新联合体”，有组织地推进事关国计民生、国家安

① 陈劲，尹西明，梅亮．整合式创新：基于东方智慧的新兴创新范式［J］．技术经济，2017，36（12）：1-10+29.

② 陈劲，尹西明．建设新型国家创新生态系统加速国企创新发展［J］．科学学与科学技术管理，2018，39（11）：19-30.

③ 尹西明，陈劲，贾宝余．高水平科技自立自强视角下国家战略科技力量的突出特征与强化路径［J］．中国科技论坛，2021（09）：1-9.

④ 万劲波，张凤，潘教峰．开展“有组织的基础研究”：任务布局与战略科技力量［J］．中国科学院院刊，2021，36（12）：1404-1412.

全、科技核心竞争力的基础研究和重大科技创新任务，更为有效地承担高水平科技自立自强的使命。

### 8.1.2 面向科技自立自强的创新联合体的内涵与突出特征

从历史逻辑、国际竞争逻辑和实践逻辑出发，结合现有研究和国家创新体系建设的新趋势[①②③④]，本研究认为，高水平科技自立自强视角下的创新联合体是指主要由国家战略科技力量牵引、多元主体协同整合而成的高能级创新组织形态，即高能级创新联合体。高能级创新联合体建设要以习近平新时代中国特色社会主义思想为根本引领，以新型举国体制为主要制度创新保障[⑤⑥]，以使命驱动的新型国家创新体系[⑦]和整合式创新理论为指导，聚焦国家战略必争领域的关键科学问题和重大产业创新需求，以科技领军企业牵头主导、高校院所支撑、各创新主体相互协同，以有组织的科研[⑧]为主要组织模式，建设由国家战略科技力量牵引的新型国家创新体系，发展高效强大的共性技术供给体系，不断催生重大原始性创新，突破关键核心技术"卡脖子"问题，提高重大科技创新成果转移转化成效，加快实现高水平科技自立自强。

《中共中央关于制定国民经济和社会发展第十四个五年规划和二〇三五年远景目标的建议》中也明确提出，"提升企业技术创新能力。强化企业创新主

---

① 刘戒骄，方莹莹，王文娜. 科技创新新型举国体制：实践逻辑与关键要义［J］. 北京工业大学学报（社会科学版），2021，21（05）：89-101.

② 陈劲，尹西明. 建设新型国家创新生态系统加速国企创新发展［J］. 科学学与科学技术管理，2018，39（11）：19-30.

③ 陈劲，阳镇，朱子钦. 新型举国体制的理论逻辑、落地模式与应用场景［J］. 改革，2021（05）：1-17.

④ 蔡跃洲. 中国共产党领导的科技创新治理及其数字化转型——数据驱动的新型举国体制构建完善视角［J］. 管理世界，2021，37（08）：30-46.

⑤ 刘戒骄，方莹莹，王文娜. 科技创新新型举国体制：实践逻辑与关键要义［J］. 北京工业大学学报（社会科学版），2021，21（05）：89-101.

⑥ 陈劲，阳镇，朱子钦. 新型举国体制的理论逻辑、落地模式与应用场景［J］. 改革，2021（05）：1-17.

⑦ 冯泽，陈凯华，陈光. 国家创新体系研究在中国：演化与未来展望［J］. 科学学研究，2021，39（09）：1683-1696.

⑧ 万劲波，张凤，潘教峰. 开展"有组织的基础研究"：任务布局与战略科技力量［J］. 中国科学院院刊，2021，36（12）：1404-1412.

体地位，促进各类创新要素向企业集聚。推进产学研深度融合，支持企业牵头组建创新联合体，承担国家重大科技项目。发挥企业家在技术创新中的重要作用，鼓励企业加大研发投入，对企业投入基础研究实行税收优惠。发挥大企业引领支撑作用，支持创新型中小微企业成长为创新重要发源地，加强共性技术平台建设，推动产业链上中下游、大中小企业融通创新”。

2021年版《中华人民共和国科学技术进步法》第三章“应用研究与成果转化”第三十一条：“国家鼓励企业、科学技术研究开发机构、高等学校和其他组织建立优势互补、分工明确、成果共享、风险共担的合作机制，按照市场机制联合组建研究开发平台、技术创新联盟、创新联合体等，协同推进研究开发与科技成果转化，提高科技成果转移转化成效。”其中提到的“创新联合体”是首次写入《中华人民共和国科学技术进步法》，虽然在其中仅出现这一次，但是值得高度关注。

高能级创新联合体的概念虽缘起创新联合体的框架，但在关键特征上与传统的创新联合体存在本质差异（如表8-1所示）。从时代背景上来看，创新联合体的组织模式是为了实现我国创新能力对发达国家的追赶，从后发制人的情境出发以实现创新驱动的发展模式；而高能级创新联合体，则是针对“三步走”战略中“2035年进入创新型国家前列，2050年成为世界科技强国”的国家科技创新目标，实现我国在关键科技领域从追赶者到领军者的角色转变，真正从创新大国迈向创新强国①。

从使命定位上来说，传统的创新联合体主要关注破解我国科技创新与经济发展“两张皮”的难题，通过企业需求驱动的协同创新体系，构建科研成果转化的快速通道，使科技创新活动能直接助力产业发展；而高能级创新联合体则是“使命导向”，有着明确的定位，以实现国家高水平科技自立自强为目标②。

在具体构成上，高能级创新联合体中对于参与的创新主体提出了更高要求，需同时符合“高水平”和“引领性”的标准，聚焦具有国家战略意义的

---

① 陈劲．“十四五”是中国迈向创新型国家前列的关键期［J］．中国科技论坛，2021（01）：2.
② 吕薇．把科技自立自强作为国家发展战略支撑［N］．经济日报，2020-12-01（10）.

科技领域[①②]。这也意味着，高能级创新联合体的核心构成主体必须是国家战略科技力量，要在国家层面具有较强影响力，并能代表中国最顶尖的科技创新水平，坚定有效履行科技自立自强的使命，即科技创新的“国家队”和由国家战略科技力量整合而成的“科技创新航空母舰”。

在角色定位上，高能级创新联合体既需要坚持企业，尤其是科技领军企业的核心地位和主导作用[③]，也需要强化国家科研体系的深度参与以及中央和各级政府的制度性和系统性支持。区别于以往由地方政府或高校发起的创新联合体组织模式，高能级创新联合体一般要应用新型举国体制模式，由国家相关机构统筹部署和授权科技领军企业牵头主导建设[④]。

在理论视角上，传统创新联合体停留在协同创新和开放式创新的模式，而高能级创新联合体则需要更进一步实现自主创新、协同创新、全面创新的统一，将其置于整合式创新理论指导下的新型国家创新体系中[⑤]。在运行机制和创新模式上，需要从市场需求驱动科技创新的市场化机制，转变为“有为政府”和“有效市场”双重驱动的新型举国体制下的“有组织的科研”[⑥]，在科技创新组织模式和制度层面开展“特区式”的大胆探索。

在涉及领域上，一般创新联合体主要结合主导企业的相关产业，以实现个性化竞争优势为目的进行市场化运行；而高能级创新联合体作为国家战略科技力量有机整合的组织主体，需要聚焦国家战略必争领域的关键核心共性技术、颠覆性技术和未来技术。

从创新成效方面来看，传统的创新联合体主要是为了解决科技成果转化

---

① 刘戒骄，方莹莹，王文娜. 科技创新新型举国体制：实践逻辑与关键要义［J］. 北京工业大学学报（社会科学版），2021，21（05）：89-101.

② 陈劲，阳镇，朱子钦. 新型举国体制的理论逻辑、落地模式与应用场景［J］. 改革，2021（05）：1-17.

③ 陈劲，朱子钦. 探索以企业为主导的创新发展模式［J］. 创新科技，2021，21（05）：1-7.

④ 路风，何鹏宇. 举国体制与重大突破——以特殊机构执行和完成重大任务的历史经验及启示［J］. 管理世界，2021，37（07）：1-18.

⑤ 陈劲，尹西明. 建设新型国家创新生态系统加速国企创新发展［J］. 科学学与科学技术管理，2018，39（11）：19-30.

⑥ 万劲波，张凤，潘教峰. 开展“有组织的基础研究”：任务布局与战略科技力量［J］. 中国科学院院刊，2021，36（12）：1404-1412.

难题、提升企业创新能力和竞争优势，而高能级创新联合体则能够有效破解国家和产业层面面临的重大科技安全和产业安全“瓶颈”，全面提升产业链现代化水平和创新发展牵引能力以及国家科技竞争综合实力[①]（见表 8-1）。

表 8-1　科技自立自强视角下的高能级创新联合体与一般创新联合体的异同

| 比较维度 | 一般创新联合体 | 高能级创新联合体 |
|---|---|---|
| 时代背景 | 创新驱动，追赶模式 | 超越追赶迈向创新引领，从创新大国迈向创新强国 |
| 使命定位 | 产学研协同，成果转化 | 承担高水平科技自立自强使命与任务 |
| 主要构成 | 大学，企业，研究院所，金融机构，中介等一般主体 | 国家实验室，高水平研究型大学，科技领军企业，国家科研机构，战略科技人才和区域科技创新中心为核心牵引 |
| 企业地位 | 大学研究院所或地方政府发起，企业为主体 | 中央政府支持，科技领军企业主导，高校院所支撑，多元主体协同整合 |
| 主要理论 | 协同创新，国家创新系统 | 整合式创新，新型国家创新系统 |
| 创新机制 | 市场主导，经济利益驱动，自由探索 | 新型举国体制，使命驱动，有组织的科研 |
| 瞄准领域 | 以竞争性领域个性化技术需求为主 | 以国家战略必争领域关键核心共性技术、颠覆性技术和未来技术为主 |

## 8.2　高能级创新联合体建设的战略逻辑与体系化协同机制

### 8.2.1　战略逻辑

建立高能级创新联合体、开展重大科研问题攻关，符合当今世界科技创新趋势和建设面向未来的科技强国的战略需求。在前沿领域中科学革命、技术变革和产业转型的融合程度不断加深，形成了一套紧密的循环体系。同时，

① 陈劲，尹西明，阳镇．新时代科技创新强国建设的战略思考［J］．科学与管理，2020，40（06）：1–5．

重大原始性科技创新的颠覆性本质，决定了其大多诞生于跨度广、纵深大、联结紧的研究体系[①]。当代科学发展呈现出多点突破或群体性突破的特征，多个关键学科，如生命科学、信息产业、能源科技等在广泛交叉融合中联合带动产业实现飞跃[②]。在关键核心技术“卡脖子”问题的攻关过程中，必须避免各个国家战略科技力量创新主体陷入“闭门造车”的境况，必须坚持使命驱动、体系化布局和整体性提升的理念，全面强化国家战略科技力量整合式创新活力和效能。

高能级创新联合体以整合式创新理论和使命驱动的国家创新政策体系新趋势为理论基础，以“双循环”新发展格局对实现高水平科技自立自强的战略需求与定位为主要瞄准方向。我国在科技追赶阶段主要依据的理论是开放式创新模式，但在“外循环”主导的格局下，我国企业逐渐转向了“外向型”的开放式创新，通过发挥各个创新主体之间的比较优势，以“将蛋糕做大”为目的实现参与者的共赢[③]。但在这种创新模式下，我国企业出现了忽视自主核心技术能力培育的现象，从而在面对国际局势变化等外部环境风险时容易陷入技术“卡脖子”困境。中国若想实现建设科技强国的重大战略目标，必须跳出对传统科技创新路径的依赖，运用整合式创新思维，探索出具有中国特色、适合新发展阶段中国国情和国家战略需求的科技创新路径。高能级创新联合体的构建与运行基于整合式创新这一具有中国特色的创新理论[④]和科技发达国家使命驱动型国家创新政策体系的新趋势[⑤⑥]，是引领我国新型国家创新体系实现基础研究强化、核心技术攻关与高质量科技和人才持续供给的重要新型创新组织形态。

---

① 余江，刘佳丽，甘泉，等．以跨学科大纵深研究策源重大原始创新：新一代集成电路光刻系统突破的启示［J］．中国科学院院刊，2020，35（01）：112–117．

② 李春成．科技革命和产业变革大循环与科技创新趋势［J］．创新科技，2021，21（04）：1–8．

③ 马建堂．建设高标准市场体系与构建新发展格局［J］．管理世界，2021，37（05）：1–10．

④ CHEN J，YIN X，FU X，et al．Beyond Catch-up: Could China Become the Global Innovation Powerhouse? China’s Innovation Progress and Challenges From a Holistic Innovation Perspective［J］．Industrial and Corporate Change，2021，30（4）．

⑤ DELEIDI M，MAZZUCATO M．Directed Innovation Policies and the Supermultiplier: An Empirical Assessment of Mission — oriented Policies in the US Economy［J］．Research Policy，2020（4）．

⑥ MAZZUCATO M．Mission-oriented Innovation Policies: Challenges and Opportunities［J］．Industrial and Corporate Change，2018（5）．

高能级创新联合体的核心建设机制将不再是纯市场化、面向单一科技成果转化和经济效益实现的松散耦合模式，而是依托于社会主义市场经济条件下的新型举国体制[①]。以国家战略性需求为导向，作为整合优化科技资源配置、加速体制机制创新、强化国家战略科技力量体系化布局和整合式创新效能的重要探索形式，这也是我国建设科技创新强国目标的必然要求。

党的十九届五中全会提出要完善国家创新体系，从而进一步提升国家创新体系的整体效能。"十四五"规划指出，制定科技强国行动纲要，健全社会主义市场经济条件下新型举国体制，打好关键核心技术攻坚战，提高创新链整体效能。新型举国体制既保留了传统举国体制强调政府主导资源调配和多主体协同的特征，又兼顾了我国新发展阶段的时代要求[②]。在新型举国体制的框架内，市场与政府之间的定位、功能与关系进一步明确，不仅避免了生产要素配置过程中的体制僵化或市场失灵[③]，还能够充分发挥数字经济和数据要素在科技创新治理体系优化和治理能力现代化方面的优势[④]。高能级创新联合体旨在通过以国家战略科技力量为核心牵引，多元创新主体有组织地推进重大原始性创新和关键核心技术突破，加速重大科技成果转化和未来产业培育，有力支撑我国新型国家创新系统得以持续赋能国家创新能力提升，赢得大国科技博弈的制高点（如图 8-1 所示）。

未来，全球范围内新型区域性和全球性的科技创新生态系统建构，中国也需要对必然能够通过高能级创新联合体带动的新型国家创新体系予以支持，为全球包容性与可持续性创新发展贡献中国力量。

---

① 陈劲，阳镇，朱子钦. 新型举国体制的理论逻辑、落地模式与应用场景［J］. 改革，2021（05）：1-17.

② 樊春良. 科技举国体制的历史演变与未来发展趋势［J］. 国家治理，2020（42）：23-28.

③ 樊春良. 科技举国体制的历史演变与未来发展趋势［J］. 国家治理，2020（42）：23-28.

④ 蔡跃洲. 中国共产党领导的科技创新治理及其数字化转型——数据驱动的新型举国体制构建完善视角［J］. 管理世界，2021，37（08）：30-46 .

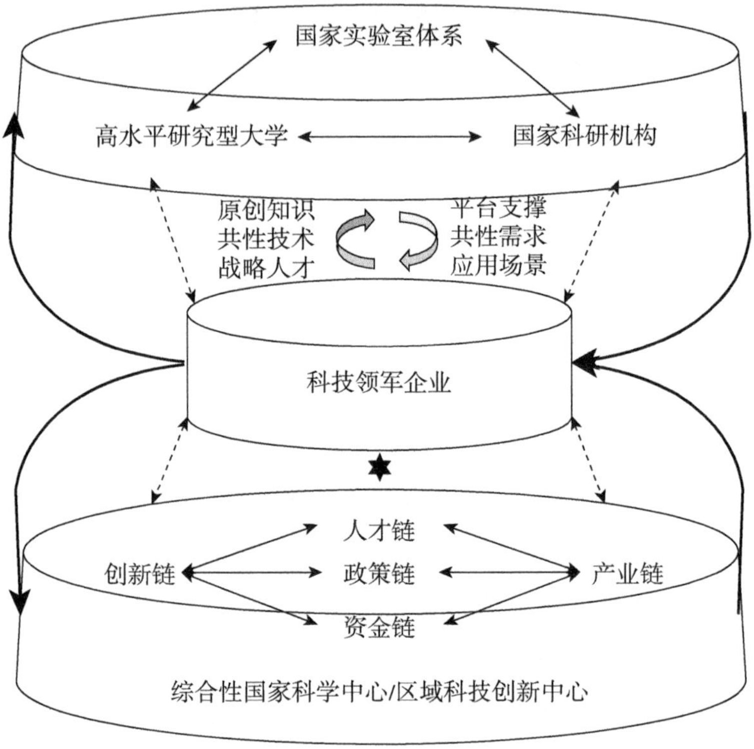


图 8-1　高能级创新联合体驱动国家战略科技力量体系化协同的战略逻辑

### 8.2.2　高能级创新联合体驱动国家战略科技力量体系化协同机制

高能级创新联合体驱动国家战略科技力量体系化协同的机制设计重点在于围绕科技创新强国建设所要求的核心目标。要面向国家战略需求与科技自立自强使命与任务，打破多元主体协同低效、利益争夺、重复研究、成果难转化、收益分配激励不相容等制约国家战略科技力量协同的痛点，建构面向科技自立自强的、从源头创新到成果产业化的“创新循环”。在这一过程中，中央和地方政府发挥新型举国体制优势[①②]，建制化、有组织地支持“四个面

① 陈劲，阳镇，朱子钦．新型举国体制的理论逻辑、落地模式与应用场景［J］．改革，2021（05）：1–17.

② 蔡跃洲．中国共产党领导的科技创新治理及其数字化转型——数据驱动的新型举国体制构建完善视角［J］．管理世界，2021，37（08）：30–46.

向”领域的战略性科学计划和科学工程，推进大科学装置、国家实验室和重大科技创新平台建设。在此基础上，通过制度创新和政策体系设计来支持科技领军企业牵头主导，以战略科学家和战略科技人才为牵引，引领大中小企业融通创新。真正做到企业出题，提炼产业关键核心技术和前沿颠覆性技术需求，提供丰富的技术应用场景和联合科学研究基金，进而支持高校科研院所和战略科学家凝练科学问题，针对产业关键共性技术“卡脖子”问题开展“有组织的科研”，加强多元主体协同攻关。与此同时，科技领军企业和政府联合提供创新成果转移转化应用的产业和公共场景，打造面向高水平科技自立自强和新发展格局的“创新公地”①，实现重大科技创新的“沿途下蛋”和科技、经济的深度融合。

科技领军企业作为承担国家科技自立自强使命、新型国家创新体系的主导性力量和现代产业链“链长”与产业龙头，是高能级创新联合体的核心主导者②，同时承担起重大战略科技问题的“出题者”和科技成果转化的“场景应用平台建设者”的双重职责。科技领军企业是指在关键科技领域，依靠硬科技创新方面的高投入与高产出建立具有竞争优势的企业，具有明确的创新使命导向和完善的科研组织体系③。在具体构成上，创新型中央企业和国有企业为牵引龙头，一流民营企业和“专精特新”中小企业为有效支撑，既能发挥国有企业尤其是中央企业在中国特色社会主义经济体系与新型举国体制中的核心地位，又能有效激发民营企业的创新活力与积极探索。科技领军企业在高能级创新联合体的组织结构中占据承上启下的关键位置，向上为国家实验室主导的研究体系提供科学问题与科研需求，同时完成其科技创新成果的有效转化，向下在依托综合性国家科技中心或区域科技创新中心的过程中带动其建设与发展。

---

① 陈劲. 发力营建公共卫生创新公地［EB/OL］.（2020-02-21）. http://www.eeo.com.cn/2020/0221/376693.shtml.

② 尹西明，陈劲，刘畅. 科技领军企业：定义、分类评价与促进对策［J］. 创新科技，2021，21（06）：1-8.

③ 尹西明，陈劲，刘畅. 科技领军企业：定义、分类评价与促进对策［J］. 创新科技，2021，21（06）：1-8.

国家实验室牵引国家科研机构与高水平研究型大学，结合重大战略科技需求，瞄准原始性科学创新、关键核心技术突破和基础科学研究等方面进行长期深耕。其中国家实验室需联合全国重点实验室构建实验室体系，统筹全国范围内的实验室资源，面向无人区开展前沿科学探索和基础研究，实现“从 0 到 1”的原始性创新[①]。国家科研机构则需要坚持问题导向，围绕具体的核心技术问题开展科研攻关，形成一批以知识产权为代表的高水平科技创新成果。高水平研究型大学应结合科技领军企业需求开展应用型研究，并在基础科学领域加强探索，同时还应着重培养一批思想觉悟高的科研人才与高层次创新人才，努力实现我国科技创新人才的自给自足。

南京大学党委常务副书记杨忠于 2021 年 8 月在《人民日报》发表的《加快构建创新联合体》一文中也指出，加快构建创新联合体，关键在于将各创新主体有机连接在一起，将分散的创新资源和创新要素组织起来，形成目标一致、相互协同、内生动力强、创新效率高、创新成果迸发的体制机制。市场配置资源是最有效率的形式，但完全依赖市场自发力量、完全依靠领军企业完成创新联合体的构建并不现实。其原因主要在于，科技创新具有高风险，即使付出大量研发投入也可能失败。与此同时，创新成果的溢出效应，使得很多创新成果容易被竞争对手模仿，这会降低创新主体的创新积极性。此外，无论是领军企业还是其他主体，在构建创新联合体时都会面临科技创新启动资金和后续投入的分担问题、研发过程中如何打破条块壁垒的问题、研发过程中的信息沟通问题、创新成果的合理分享问题等。这些问题单纯依靠市场机制并不能完全得到有效解决，需要通过政府的力量弥补市场不足，帮助领军企业协调创新联合体活动、整合创新资源。

因此，综合性国家科技中心或区域科技创新中心作为载体型国家战略科技力量，具有不可替代的价值，也是中央和地方政府发挥重大科技创新组织者作用，加速“五链”融合和提供科技政策生态支撑的关键载体。综合性国

---

① 常旭华，仲东亭．国家实验室及其重大科技基础设施的管理体系分析［J］．中国软科学，2021（06）：13–22．

家科技中心或区域科技创新中心能够有效汇聚国内外高质量创新要素，形成集群效应与创新高地，为各创新主体充分发挥作用提供支撑。[①]区域科技创新中心通过充分发挥科技政策链的使能优势，融合区域内科技产业链、科技创新链、科技资金链与科技服务链，通过构建区域创新生态，为保障高能级创新联合体的高效运行提供优质创新资源、完备综合服务体系、良好创新文化氛围、宜居城市生态环境。

## 8.3　高能级创新联合体的建设路径与典型实践

### 8.3.1　支持科技领军企业发挥牵头主导作用

科技领军企业积累了丰富的优质科技创新资源，作为科技创新投入与产出的主体，能起到关键的平台性和牵引性作用[②]。加快构建高能级创新联合体，应尽快完善科技领军企业的认定标准和评价体系，通过组织改革与制度更新激发其创新活力并支持其发挥创新核心主体和主导者作用。在实践中，针对东部沿海地区或行业，由政府支持科技领军企业牵头建设高能级创新联合体。针对中西部地区或行业，由政府支持高水平研究型大学牵头建设，加快培育科技领军企业并逐渐支持由科技领军企业主导的高能级创新联合体。中央政府应在事关国家安全和发展全局的重要技术领域，包括关键共性技术、前沿引领性技术、现代工程技术、颠覆性技术、未来产业技术领域[③]，明确科技领军企业在科技创新中的主导地位和使命担当。

---

① 杨明，林正静．用创新生态理论和“四链”融合研究建设粤港澳大湾区国际科技创新中心［J］．科技管理研究，2021，41（13）：87–93．

② 张赤东，康荣平．培育科技领军企业重在树标杆［N］．科技日报，2021–07–12（1）．

③ 尹西明，陈劲，贾宝余．高水平科技自立自强视角下国家战略科技力量的突出特征与强化路径［J］．中国科技论坛，2021，2（9）：1–9．

### 8.3.2 强化战略科学家和科技人才核心引领功能

创新驱动的本质在于实现人才驱动。要发挥新型举国体制优势，培育和发挥战略科学家的引领作用，在关键技术领域选调、培养一批高水平科研团队与领军人才，为其在原始性科学创新、关键共性技术研发、基础科学探索等重大课题上提供长期的全方位支持，使其发挥在重大科技问题攻关上的核心引领功能。2021 年 9 月，习近平总书记在中央人才工作会议上发表重要讲话，强调要坚持党管人才，坚持面向世界科技前沿、面向经济主战场、面向国家重大需求、面向人民生命健康，深入实施新时代人才强国战略，全方位培养、引进、用好人才，加快建设世界重要人才中心和创新高地，为 2035 年基本实现社会主义现代化提供人才支撑，为 2050 年全面建成社会主义现代化强国打好人才基础。

在创新联合体建设过程中，需要通过简政放权和科研体制改革减轻对高水平科技人才的约束，通过多种新制度如"赛马""揭榜挂帅"等①鼓励科技领军人才和团队积极投身战略性科技创新活动中，营造敢于担当、讲求能力、宽容失败的创新氛围。完善人才自主培养与选拔机制的同时，加大对外高水平人才交流与引进力度，从多渠道保障科研人才和高水平战略科技人才的持续流动、稳定供给和潜能释放。

"千军易得，一将难求。"建设创新联合体，加快国家战略科技力量体系化协同，首先是要大力培养使用战略科学家。

其次是要通过体制机制创新，打造大批一流科技领军人才和创新团队。尤其是要发挥国家实验室、国家科研机构、高水平研究型大学、科技领军企业的"国家队"作用，围绕国家重点领域、重点产业，组织产学研协同攻关。

### 8.3.3 加强区域科技创新中心资源汇聚支撑能力

建设能够支撑高能级创新联合体运行的国际科技创新中心、综合性国家

---

① 曾婧婧，黄桂花. 科技项目揭榜挂帅制度：运行机制与关键症结［J］. 科学学研究，2021，39（12）：2191–2200+2252.

科学中心和区域科技创新中心，需要中央统一部署和规划，地方政府积极响应协同，形成“全国一盘棋”的战略认知和高效行动，在系统的创新扶持政策与法规下因地制宜，合理有序地布局城市分工体系与现代化产业体系，从行政、人才、财税等方面促进区域内“政产学研用”体系的构建与发展。从战略高度统筹区域内的创新资源管理，在明确目标的基础上，通过多种政策与制度上的创新尝试，激发区域内创新主体的活力，促进区域内各创新主体的协同共创。学习借鉴国内外有代表性的科技创新中心的建设经验，如粤港澳大湾区、东京大湾区、伦敦、纽约、首尔等，“硬件”和“软件”配套同时推进，建设区域创新生态系统。明确政府和市场在建设区域科技创新中心过程中的角色定位，通过携手共建开放包容的创新氛围与保障完善的创新生态，有效提升区域对创新主体的吸引力，促进区域内科技要素和创新资源的流动与合理配置，推动创新主体间的快速对接和紧密联动。

### 8.3.4　推进大科学装置建设以强化创新公地支撑能力

大科学装置是产生重大原创性科学突破必不可少的大型科研基础设施，也是实现国家战略科技发展目标的重要保障①。中国科学院院士、中国科学院原党组书记、院长，发展中国家科学院原院长白春礼院士撰文指出，大科学装置是为科技创新，尤其是为我们探索自然的奥秘、发现新的自然规律、促进技术的变革，提供极限研究手段的大型的复杂的科学研究系统。通过建造大科学装置，大幅提升人类探索自然奥秘的能力，有力推动基础前沿研究和综合交叉探索，可以为我国高新技术研发和关键核心技术的突破提供重要的平台和关键的手段。因此，大科学装置俨然成为我国抢占未来科技竞争制高点的国之重器。重大科技基础设施已经成为作出重大原创成果、实现关键核心技术突破、抢占科技竞争制高点的利器，也是全面体现国家综合实力和科技创新能力的一个重要标志。

---

① 王贻芳，白云翔. 发展国家重大科技基础设施　引领国际科技创新［J］. 管理世界，2020，36（05）：172–188+17.

我国需重视大科学装置对高能级创新联合体的支撑作用和大科学装置对创新资源的汇聚作用，适度超前布局国家重大科技基础设施，与国家自主创新示范区、综合性国家科学中心等科技创新中心深度融合，建设国家“创新公地”。目前，我国的大科学装置建设正处于快速发展的追赶期，在运行管理上仍存在着一些亟待解决的问题，如利用效率较低、开放共享欠缺等，未能充分发挥大科学装置兼具科学性与社会性双重属性的溢出效应。应在结合我国科研体系具体情况与特点的基础上，学习英国、美国、德国等在大科学装置方面的成熟管理体系，充分发挥其提升国家创新体系效能与产出的引擎作用，为技术、人才、资本等要素的交互提供平台，推动我国在基础研究和原创性、引领性科技攻关方面取得更多、更大的突破，打好关键核心技术攻坚战，在科技自立自强方面取得更大进展。

### 8.3.5 开展有组织的科研和使命驱动型创新

高能级创新联合体在组织形式上的特色在于开展“有组织的科研”①，并以使命驱动型和有组织创新的模式体现其战略高度和服务于科技强国目标的底层逻辑。高能级创新联合体应该自觉承担高水平科技自立自强的使命，在各个创新主体的分工协作中时刻围绕这一核心使命进行部署，发挥国家战略科技力量应有的责任担当。“有组织的科研”的核心，是在科研课题选择上实现战略导向与市场需求的有机结合，并在创新过程中注重对于各个创新主体的组织与管理，根据不同科研课题的特性构建合适的组织框架和运行特性，保证科研产出的质量与效率。②在科技发展范式快速迭代及我国亟须高质量科技创新的背景下，创新需要摆脱“单打独斗”的模式，以体系化的“大兵团作战”保障我国在科技创新上持续发力。

2022年7月19日，教育部召开“教育这十年”“1+1”系列发布采访活动

---

① 万劲波，张凤，潘教峰. 开展“有组织的基础研究”：任务布局与战略科技力量［J］. 中国科学院院刊，2021，36（12）：1404–1412.

② 万劲波，张凤，潘教峰. 开展“有组织的基础研究”：任务布局与战略科技力量［J］. 中国科学院院刊，2021，36（12）：1404–1412.

第八场新闻发布会，介绍党的十八大以来高校科技创新改革发展的有关成效。教育部科学技术与信息化司司长雷朝滋表示，下一个十年，教育部将着力加强有组织的科研，加快打造国家战略科技力量，为世界重要人才中心、创新高地建设和高水平科技自立自强提供有力支撑。有组织科研就是要瞄准国际科技前沿和国家重大需求，把过去想干什么就干什么、能干什么就干什么转变为国家需要我干什么我就干什么。围绕“四个面向”，组织重大任务，根据任务需要建设大平台，依托大平台组建大团队，长期持续攻关，根本的目的就是要实现基础研究不断有重大原创突破，为建设科技强国奠定坚实基础；技术创新要真正满足国家战略需求，补短板、锻长板，提升我国产业发展的核心竞争力，支撑经济社会高质量发展。

### 8.3.6　增强场景驱动型创新与成果转化效能

高能级创新联合体的核心之所以是科技领军企业，其中一个重要因素在于科技领军企业能够根据实际应用场景，提炼出基础科学研究方向和关键科技“卡脖子”技术问题，承担科技创新“出题者”和“应用者”的角色，通过探索推进“揭榜挂帅”等模式推进科技创新体制机制创新[①]，同时联合政府为重大科技创新提供工程化和产业化的场景，加速原始性知识与产业需求的深度融合速度与成效。场景是科技与经济的结合点，围绕场景进行创新探索，能够同时兼顾关键科技问题发掘和科研成果转化[②]。以产业需求或重大科技应用场景为科技创新的起点，能够有效实现创新链与产业链的无缝衔接[③]，加快数字技术和数据要素对实体经济创新发展和共同富裕的价值释放[④⑤]，加速中国

---

① 曾婧婧，黄桂花．科技项目揭榜挂帅制度：运行机制与关键症结［J］．科学学研究，2021，39（12）：2191-2200+2252．

② 陈劲，阳镇，朱子钦．新型举国体制的理论逻辑、落地模式与应用场景［J］．改革，2021（05）：1-17．

③ 陈劲．加强推动场景驱动的企业增长［J］．清华管理评论，2021（06）：1．

④ 尹西明，王新悦，陈劲，等．贝壳找房：自我颠覆的整合式创新引领产业数字化［J］．清华管理评论，2021：1-2．

⑤ 尹西明，苏雅欣，陈劲，等．场景驱动的创新：内涵特征、理论逻辑与实践进路［J］．科技进步与对策，2022，39（15）：1-10．

企业集群式创新崛起，切实发挥科技创新对“双循环”发展格局下经济发展的带动作用。

## 8.4 展望

目前，我国在“2050科技创新强国”建设道路上，仍需关注国内明显的区域科技创新水平发展不平衡的问题，即明显的“东强西弱”态势。因此，在高能级创新联合体引领关键领域科研攻关的顶层政策设计和具体实践中，关键是要注重与重大场景、区域特色产业和区位优势的结合，实现各个区域内国家科技力量的有效整合，并在此基础上从“全国一盘棋”的高度，协调统筹跨区域的创新协同和优势互补，加快共同富裕和社会主义现代化强国建设[①②]。与此同时，根据我国“双循环”新发展格局的指导思想，应发挥高能级创新联合体引领我国新型国家创新体系开展、扩大国际交流的作用，在确保国家科技安全的前提下增强我国在国际科技发展中的主动性和领导力。在高能级创新联合体的建设与运行过程中，需要时刻保持高质量的开放合作，关注最新国际前沿科技发展动态，借鉴国际高水平科技研究组织模式，对标国际高水平创新研究成果，真正使我国的新型国家科技创新体系具有世界范围内的竞争力和影响力。

未来，针对高能级创新联合体的学术研究方面，首先，需要通过国际既有经验分析国内历史经验和案例研究，以及多案例比较研究，进一步明晰高能级创新联合体强化国家战略科技力量高效协同的差异化路径和机制。其次，要进一步研究如何利用好存量的创新联合体、激发传统创新联合体的活力与效力、提升履行科技自立自强责任使命的创新政策设计和具体路径。最后，要立足中国建设科技强国的伟大实践，探索、总结和提炼通过高能级创新联

---

① 尹西明，苏雅欣，李飞，等．共同富裕场景驱动科技成果转化的理论逻辑与路径思考［J］．科技中国，2022（08）：15-20.

② 尹西明，陈泰伦，陈劲，等．面向科技自立自强的高能级创新联合体建设［J］．陕西师范大学学报（哲学社会科学版），2022，51（02）：51-60.

合体引领加快建设新型国家创新体系、实现创新引领发展的中国经验、中国模式和中国特色的创新理论，为后发经济体更好实现创新驱动发展提供经验借鉴。

# 参考文献

【1】白春礼 . 国家战略科技力量的使命担当［N］. 人民日报海外版，2017-10-20（08）.

【2】白光祖，曹晓阳 . 关于强化国家战略科技力量体系化布局的思考［J］. 中国科学院院刊，2021，36（05）：523-532.

【3】卞松保，柳卸林 . 国家实验室的模式、分类和比较——基于美国、德国和中国的创新发展实践研究［J］. 管理学报，2011，8（04）：567-576.

【4】北京科技创新中心研究基地，国家科技资源共享服务工程技术研究中心 . 2021 年中国城市科技创新指数报告［R］. 2021: 4-11.

【5】陈劲 . 整合式创新：新时代创新范式探索［M］. 北京：科学出版社，2021.

【6】陈劲 . 科技创新：中国未来 30 年强国之路［M］. 北京：中国大百科全书出版社，2020.

【7】陈劲 . 推动科技领军企业的建设与发展［J］. 清华管理评论，2021（5）:1.

【8】陈劲，郭彬，杨伟 . 世界一流企业的科技创新管理体系［J］. 企业管理，2021（6）: 112-115.

【9】陈劲，李佳雪 . 打造世界级创新企业：基于 BCG 全球最具创新力企业报告的分析［J］. 科学与管理，2020，40（1）:1-8.

【10】陈劲，阳银娟，刘畅 . 融通创新的理论内涵与实践探索［J］. 创新科技，2020，20（2）: 1-9.

【11】陈劲，阳镇，尹西明 . 新时代企业家精神的系统性转型：迈向共益型企业家精神［J］. 清华管理评论，2020，83（Z2）:26-35.

【12】陈劲，尹西明．建设新型国家创新生态系统 加速国企创新发展［J］．科学学与科学技术管理，2018，39（11）：19–30.

【13】陈劲，尹西明．中国科技创新与发展 2035 展望［J］．科学与管理，2019，39（01）：1–7.

【14】陈劲，尹西明．世界级企业的经营管理模式［J］．企业管理，2019（7）:12–16.

【15】陈劲，尹西明，梅亮．整合式创新：基于东方智慧的新兴创新范式［J］．技术经济，2017，36（12）：1–10+29.

【16】陈劲，尹西明，阳镇．新时代科技创新强国建设的战略思考［J］．科学与管理，2020，40（06）：1–5.

【17】陈劲，尹西明，阳镇．包容创新环境 建设创新强国［N］．经济参考报，2021–01–12（007）.

【18】陈劲，朱子钦．探索以企业为主导的创新发展模式［J］．创新科技，2021，21（05）：1–7.

【19】陈劲，朱子钦．七方面重点发力，加快迈向高水平科技自立自强［N］．科技日报，2021–07–08（006）.

【20】陈套．推动科研范式升级 强化国家战略科技力量［J］．中国科技奖励，2020（08）: 67–68.

【21】樊春良．国家战略科技力量的演进：世界与中国［J］．中国科学院院刊，2021，36（5）: 533 – 543.

【22】樊春良．建立全球领先的科学技术创新体系——美国成为世界科技强国之路［J］．中国科学院院刊，2018，33（5）: 509–519.

【23】方阳春，黄太钢，薛希鹏，等．国际创新型企业科技人才系统培养经验借鉴：基于美国、德国、韩国的研究［J］．科研管理，2013，34（S1）: 230–235.

【24】高旭东．实现科技自立自强的核心要求与战略措施［J］．清华管理评论，2021（5）: 54–63.

【25】关成华，赵峥，刘杨，等．中国城市科技创新发展报告（2021）[M]．北京：科学技术文献出版社，2022: 9–18.

【26】黄群慧，余菁，王涛．培育世界一流企业：国际经验与中国情境［J］．中国工业经济，2017（11）: 5–25.

【27】黄晨光，陈套．新征程上国家战略科技力量的使命和任务［J］．国家治理，2022（08）:53–57.

【28】贾宝余，陈套．强化国家战略科技力量的五个着力点［J］．科技中国，2021（05）:9–11.

【29】贾宝余，杨明，应验．高水平科技自立自强视野中重大科技项目选题机制研究［J］．中国科学院院刊，2022，37（09）:1226–1236.

【30】贾宝余，董俊林，万劲波，曹晓阳．国家战略科技力量的功能定位与协同机制［J］．科技导报，2022，40（16）:55–63.

【31】贾宝余，王建芳，王君婷．强化国家战略科技力量建设的思考［J］．中国科学院院刊，2018，33（6）: 544–552.

【32】寇明婷，邵含清，杨媛棋．国家实验室经费配置与管理机制研究——美国的经验与启示［J］．科研管理，2020，41（6）: 280–288.

【33】蓝海林．建立“世界级企业”：优势、路径与战略选择［J］．管理学报，2008（1）: 9–13.

【34】李侠，鲁世林．国家实验室建设应遵循四个原则［N］．光明日报，2021–07–08（16）.

【35】李雨晨，陈凯华．面向创新链的国家创新力测度体系构建研究——多维创新指数的视角［J］．科学学与科学技术管理，2019，40（11）: 45–57.

【36】李兆辰，杨梦俊，郑世林．国有企业改革与中国地区经济发展［J］．中国经济史研究，2018（2）:160–173.

【37】柳卸林，丁雪辰，高雨辰．从创新生态系统看中国如何建成世界科技强国［J］．科学学与科学技术管理，2018，39（3）: 3–15.

【38】吕薇．从基础研究到原始创新［M］．北京：中国发展出版社，2021.

【39】吕薇 . 把科技自立自强作为国家发展战略支撑［N］. 经济日报，2020-12-01（10）.

【40】乔为国，孔欣欣 . 企业主导的产业链创新：新范式与政策着力点［J］. 中国科技论坛，2013（2）: 5-9.

【41】钱万强，林克剑，闫金定，等 . 主要发达国家基础研究发展策略及对我国的启示［J］. 科技管理研究，2017，37（12）: 37-41.

【42】邱举良，方晓东 . 建设独立自主的国家科技创新体系——法国成为世界科技强国的路径［J］. 中国科学院院刊，2018，33（05）:493-501.

【43】清华大学产业发展与环境治理研究中心，自然科研 . 国际科技创新中心指数 2021［R］. 2021: 10-13.

【44】王贻芳，白云翔 . 发展国家重大科技基础设施 引领国际科技创新［J］. 管理世界，2020，36（05）: 172-188+17.

【45】魏江，王丁，刘洋 . 非对称创新：中国企业的创新追赶之路［J］. 管理学季刊，2020（2）: 46-59.

【46】吴画斌，许庆瑞，李杨 . 创新引领下企业核心能力的培育与提高——基于海尔集团的纵向案例分析［J］. 南开管理评论，2019，22（5）: 28-37.

【47】习近平 . 在中国科学院第二十次院士大会、中国工程院第十五次院士大会、中国科协第十次全国代表大会上的讲话［J］. 当代党员，2021（12）: 3-7.

【48】肖小溪，代涛，李晓轩 . 美国国家实验室的改革动向及启示［J］. 中国科学院院刊，2016，31（3）: 376-382.

【49】肖小溪，李晓轩 . 关于国家战略科技力量概念及特征的研究［J］. 中国科技论坛，2021（03）: 1-7.

【50】杨贤金 . 研究型大学要成为科技创新的主要基础［J］. 中国高等教育，2016（12）: 1.

【51】尹西明，陈劲，贾宝余 . 高水平科技自立自强视角下国家战略科技

力量的突出特征与强化路径［J］. 中国科技论坛，2021，2（9）: 1-9.

【52】余江，刘佳丽，甘泉，等. 以跨学科大纵深研究策源重大原始创新：新一代集成电路光刻系统突破的启示［J］. 中国科学院院刊，2020，35（1）: 112-117.

【53】应验，董俊林，贾宝余. 国家战略科技力量研究综述：现状、不足与展望［J］. 创新科技，2022，22（09）:1-10.

【54】尹西明，陈劲，贾宝余. 加强国家战略科技力量的理论研究［N］. 经济参考报，2021-12-14（008）.

【55】曾卫明，吴雷. 国家实验室管理体制与运行机制探讨［J］. 中国科技论坛，2008（3）: 114-116.

【56】张赤东，康荣平. 培育科技领军企业重在树标杆［N］. 科技日报，2021-07-12（1）.

【57】张宁宁，温珂. 中国特色国家创新系统理论初探［J］. 科学学研究，2022，40（01）: 139-149.

【58】张学文，陈劲. 科技自立自强的理论、战略与实践逻辑［J］. 科学学研究，2021，39（5）: 769-770.

【59】张振刚，陈一华，肖丹. 世界一流制造企业的特征、演进与启示［J］. 中国科技论坛，2020（7）: 99-110.

【60】尹西明，陈劲. 高水平科技自立自强与新型国家创新体系［J］. 群言，2021（8）: 15-18.

【61】中国科学技术信息研究所. 国家创新型城市创新能力评价报告2021［M］. 北京：科学技术文献出版社，2021: 8-10.

【62】中国社会科学院财经战略研究院. 中国城市竞争力报告 No.19：超大、特大城市：健康基准与理想标杆［M］. 北京：中国社会科学出版社，2021.

【63】CHEN J，YIN X，FU X，et al. Beyond Catch-up: Could China Become the Global Innovation Powerhouse? China's Innovation Progress and Challenges

From a Holistic Innovation Perspective [ J ] . Industrial and Corporate Change, 2021, 30 ( 4 ) .

【 64 】EDQUIST C. Towards a holistic innovation policy: can the Swedish National Innovation Council ( NIC ) be a role model? [ J ] . Research policy, 2019, 48 ( 4 ) : 869–879.

【 65 】GRIMALDI R, KENNEY M, SIEGEL D S, et al. 30 years after Bayh - Dole: Reassessing academic entrepreneurship [ J ] . Research policy, 2011, 40 ( 8 ) : 1045–1057.

【 66 】SCHUMPETER J A.Theory of Economic Development [ M ] .New Brunswick, N.J:Routledge, 1934.

# 后 记

国家战略科技力量是高水平科技自立自强的中坚力量，是面向国际科技竞争，体现国家意志、实现国家使命、代表国家水平，统筹发展和安全，全面建成社会主义现代化强国的先锋队。本书系统梳理了世界科技强国和社会主义现代化强国建设新征程视角下，国家战略科技力量的内涵、特征、使命定位和强化路径，深入分析探讨了国家实验室、国家科研机构、高水平研究型大学、科技领军企业、区域科技创新高地等国家战略科技力量的发展现状、典型实践探索案例与有针对性的对策思考。本书从国际比较的视角论述了国家战略人才力量的内涵构成、引领作用和培育机制。最后探讨了如何发挥创新联合体作为新型举国体制独特载体优势，驱动国家战略科技力量体系化协同，加快实现高水平科技自立自强，有效支撑世界科技强国和中国式现代化。

本书基于清华大学、中国科学院大学、北京理工大学等多位专家学者的研究成果，是有组织的科研和整合式创新的产物。全书由清华大学陈劲教授全面指导和统筹，贾宝余、尹西明拟定写作提纲和思路。各章执笔分工如下：陈劲和尹西明撰写导论，北京理工大学尹西明撰写第 1、5、8 章，中国科学院大学贾宝余撰写第 2、6 章，中国科学院合肥物质科学研究院陈套撰写第 3 章，国家教育行政学院崔明明撰写第 4 章，杨芳撰写第 7 章。在此对各位作者进行介绍：

陈劲，教育部人文社会科学重点研究基地清华大学技术创新研究中心主任，清华大学经济管理学院教授。中国科学学与科技政策研究会副理事长，担任国内外多个科技管理类期刊主编。国家社会科学基金重大项目、国家自然科学基金重点项目、国家重点研发项目首席专家。主持国务院国资委、国家发改委、科技部、中国科协等中央部委及北京、重庆等地方政府决策咨询项目10余项；执笔完成“十四五”国家技术创新工程规划等，为20余家科技领军企业提供创新战略规划、创新体系设计等决策咨询。以“思想解读—理论创新—实践探索”为主线，系统研究新时代科技创新思想、理论与方法，是“整合式创新”的提出者。主编干部教材《自立自强：论新时代的科技创新》及主题出版物，在《人民日报》《光明日报》发表多篇文章，阐释党的科技创新理论和国家重大战略部署；在国内外发表论文800余篇，完成专著50余部。先后获得国家杰出青年科学基金、入选国家百千万人才工程，2023年获第三届全国创新争先奖状。

贾宝余，中国科学院大学党委宣传部副部长，五级职员，科技哲学博士，兼任全国党建研究会科研院所党建研究专业委员会研究专员，主要从事宣传思想、党的建设、科技和教育政策研究工作。曾在《中国科学院院刊》《中国科技论坛》《科技导报》《科技中国》等期刊以及《人民日报》《学习时报》《中国科学报》等报纸上发表文章百余篇，著有《问道创新》。

尹西明，清华大学经济学学士、管理学博士，北京理工大学特别副研究员，北京市哲学社会科学融合发展研究基地副主任、特聘研究员。主要从事技术创新管理、数字经济与科技政策前沿交叉研究，是整合式创新、场景驱动的创新、产业数字化动态能力等理论的联合提出者和领先研究者。主持国家自然科学基金等国家和省部级课题10余项，在国内外重要学术期刊和《光明日报》等权威媒体发表文章100余篇，多次获评“全国百优案例”和国家一级学会年会优秀论文奖。

陈套，中国科学院合肥物质科学研究院党委办公室副主任，五级职员，管理学博士，研究方向为创新政策、创新治理，在《中国科学院院刊》《科学管理研究》《公共管理与政策评论》等期刊以及《光明日报》《学习时报》《中国社会科学报》等报纸发表文章100余篇。

杨芳，清华大学经济管理学院博士后，研究领域为科技政策、创新管理、科技人才等。近三年来，在《软科学》《Chinese Management Studies》等国内外核心期刊发表学术论文多篇。在光明网、《科技日报》等主流媒体发表包括

《构建完善的基础研究人才支撑体系》《发挥战略科学家在基础研究中的“帅才”作用》等政策建议类文章。先后参与科技部、工信部、发改委等部委和企业类课题近 10 项。

崔明明，国家教育行政学院干部教育研究中心助理研究员，管理学博士，研究方向为科技创新政策。近年来，主持来自教育部等多项课题，在《管理评论》、Journal of Systems and Science Information 等期刊发表多篇学术论文，起草《关于加强科学教育的研究报告》《关于科学教育政策演变的研究报告》《高水平研究型大学有组织科研创新模式、基本经验和问题建议》等多篇政策研究报告并被相关部门采纳，部分研究内容成为中央级别会议重要支撑材料。

全书由陈劲统稿，贾宝余、尹西明协助统稿。特别感谢经济日报出版社张乐编辑的大力支持和精心编校。

本书得到北京市习近平新时代中国特色社会主义思想研究中心重大项目“强化国家战略科技力量研究”（项目编号：21LLGLA002）、国家自然科学基金重点项目“中国企业创新链产业链融合发展模式与机制研究”（项目编号：72232004）和国家自然科学基金青年项目“多层次系统视角下中国高校学术创业与成果转化促进机制研究”（项目编号：72104027）的资助，一并致谢。

本书参考和吸收了一些国内外学者的研究成果，在此特向他们表示感谢！由于作者水平有限，书中资料和观点难免存在疏漏和不足之处，敬请读者指正。希望本书的出版，有助于读者全面认识国家战略科技力量的重要地位和强化国家战略科技力量的意义与路径，积极支持和参与到强化国家战略科技力量的行动中，为我国早日实现高水平科技自立自强、加快建设世界科技强国和社会主义现代化强国贡献力量。